农村政策与管理系列丛书

主编　崔富春

农村林木资源管理

王美兔　编著

中国社会出版社

建设社会主义新农村书屋

总顾问：回良玉

编辑指导委员会

主　任：李学举

副主任：翟卫华　柳斌杰　胡占凡　窦玉沛

委　员：詹成付　吴尚之　涂更新　王英利

李宗达　米有录　王爱平

农村政策与管理系列丛书编辑委员会

主　任：崔富春

副主任：宗颖生　弓永华　方　亮

成　员：（按姓氏笔画为序）

王金胜　洪坚平　邢国明　李生才

李生泉　李宏全　李国柱　杨　鹏

郭晋平　郭玉明　郝利平　武星亮

蔺艮鼎

总序　造就新农民　建设新农村

李学举

党的十六届五中全会作出了建设社会主义新农村的战略部署。在社会主义新农村建设过程中，大力发展农村文化事业，努力培养有文化、懂技术、会经营的新型农民，既是新农村建设取得进展的重要标志，也是把社会主义新农村建设不断推向前进的基本保证。

为落实中央的战略部署，中央文明办、民政部、新闻出版总署、国家广电总局决定，将已开展三期的“万家社区图书室援建和万家社区读书活动”由城市全面拓展到农村，“十一五”期间计划在全国三分之一以上的村委会开展农村图书室援建和读书活动，使两亿多农民由此受益，让这项造福城市居民的民心工程同时也造福亿万农民群众。中央领导同志对此十分重视，中共中央政治局委员、国务院副总理回良玉同志作出重要批示：“发展农村文化事业是新农村建设的重要内容，也是农村发展中一个亟待加强的薄弱环节。在农村开展图书室援建和读书活动，为亿万农民群众送去读得懂、用得上的各种有益书刊，对造就有文化、懂技术、会经营的新型农民，满足农民全面发展的需求，将发挥重要作用。对这项事关农民切身利益、事关社会主义新农村建设的重要活动，要精心组织，务求实效。”

中共中央政治局委员、中央书记处书记、中宣部部长刘云山同志也作出重要批示。他指出：“万家社区图书室援建和万家社区读书活动，是一项得人心、暖人心、聚人心的活动，对丰富城市居民的文化生活、推动学习型社区建设发挥了重要作用。这项活动由城市拓展到农村，必将对丰富和满足广大农民群众的精神文化生活，推动社会主义新农村建设发挥积极作用。要精心组织，务求实效，把这件事关群众利益的好事做好。”

为了使活动真正取得实效，让亿万农民群众足不出村就能读到他们“读得懂、用得上”的图书，活动的主办单位精心组织数百名专家学者和政府相关负责人，编辑了“建设社会主义新农村书屋”。“书屋”共分农村政策法律、农村公共管理与社会建设、农村经济发展与经营管理、农村实用科技与技能培训、精神文明与科学生活、中华传统文化道德与民俗民风、文学精品与人物传记、农村卫生与医疗保健、农村教育与文化体育、农民看世界等10大类、1000个品种。这些图书几乎涵盖了新农村建设的方方面面。“书屋”用农民的语言、农民的话，深入浅出，使具有初中文化水平的人就能读得懂；“书屋”贴近农村、贴近农民、贴近农村生活的实际，贴近农民的文化需求，使农民读后能够用得上。

希望农村图书室援建和农村读书活动深入持久地开展下去，使活动成为一项深受欢迎的富民活动，造福亿万农民。希望“书屋”能为农民群众提供一个了解外界信息的窗口，成为农民学文化、学科技的课堂，为提高农民素质，扩大农民的视野，陶冶农民的情操发挥积极作用。同时，也希望更多有识之士参与这项活动，推动农村文化建设，关心支持社会主义新农村建设。

值此“新农村书屋”付梓之际，以此为序。

目 录

第一章 农村林木资源管理概述

第二章 农村林地管理

第三章 农村林木管理

第四章 林下产业发展

第五章 野生动植物的保护与利用

第一章 农村林木资源管理概述

农村是社会基本单位，从古到今，农村对社会的发展、社会的稳定都具有极其重要的作用。农村蕴涵着人类发展的文明。农村的生产与生活的各方面都与自然界有着密切的联系。从原始社会到现在，农村作为与自然近距离接触的基本单位，其各种生产、生活行为都能反映自然环境的状况。目前，全球面临环境恶化的问题，人类生活的环境不再舒适，取而代之的是飓风、干旱、水涝、高温、冰冻等恶劣天气现象。人类在逐步反思自己的行为对环境的损害，因而采取了很多保护环境的措施。我国现代化的进程、工业、城市的发展，对环境造成了严重的破坏，在党中央、国务院的号召下，全国大范围地倡导保护环境，建立人类与自然和谐共处的家园。除了限制破坏、污染环境的行为之外，就是实施一系列的环境保护工程。比如：天然林资源保护工程、三北防护林工程等等。这些工程的实施和维护，大多数与农村有着密切的联系。同时，农村与自然是距离最近的社会单位，农村的一举一动都有可能对周边的自然环境造成影响。我国是一个农业大国，大多数的人口都分布在农村，因此，农村必然成为我国环境建设的主力军。但是，大多数农村又是靠天吃饭，保持着传统的生产生活方式。农民没有太多的环保知识，他们并不知道自己砍伐一棵树会对整个环境有什么影响。本读本将从农村林木资源管理的角度，阐述森林的重要性、森林的各种资源与人类的关系，并提出一些方法来促进资源的保护和增长、农民的增收，同时避免农村发展与周边资源发生矛盾。真正实现人类与自然的和谐共处。

一、农村林木资源管理的意义

森林蕴涵丰富的资源、功能、内涵。农村是最需要一个和谐稳定的自然环境的社会单位，农村的林木资源管理的好坏，关系到农民的生产、生活问题。因此，实施林木资源管理，普及林木资源管理知识，是件非常有意义的事情。

（一）森林与人类

森林是陆地生态系统的主体。它不仅占有近30%的陆地面积，占地球60%以上的生物量，而且有着巨大的生态、经济和社会效益；它不仅影响生物圈中各种各样生物的生存和发展，也影响和作用于非生物圈即土壤岩石圈、水圈、大气圈，起着维持地球生态平衡的重要作用。因此，通过间接影响和作用于人类生物的、非生物的环境，森林对人类及其生存环境有着巨大的影响。同时，森林也直接对人类的生存和发展有着巨大的影响，人类产生于森林中，依托森林而发展，也创造了巨大的生产力和灿烂文化。森林是国家强盛人民富裕的象征。没有森林就没有人类，更没有人类文明。由此可见，森林或森林环境是人类不可缺少的，与人类关系极其密切的，因而又是非常重要的。

森林对人类来说，有很多功能，这也是森林与人类有密切联系的原因。各种科普知识告诉我们，森林的存在，预示着生命的存在。人类逐步意识到森林的重要性，开始保护与利用森林。因为森林有很多重要的功能。

1. 森林的经济功能

人类最早是在森林里生存的。随着人类的进化，后来慢慢迁出了森林，但是森林里依然有很多可供人类利用的资源，并且能为人类创造巨大的财富。因此，对于人类而言，森林具有很高的经济价值。

森林的经济功能主要表现是：为人类提供多种林产品，以满足人类物质需要。森林为人类提供多种用途的木材，包括建筑用木材、制作家具用木材、生火用木材等；提供多种食物，包括干鲜水果、森林蔬菜、食用菌、食用动物等；提供多种工业原料，如烤胶、香料、紫胶、染料、松香、毛皮等；提供多种药材，如人参、杜仲、黄柏等；提供多种工艺品、艺术品加工所需的原材料，如松雕、盆景、木制艺术品及艺术画等。很多国家、单位、个人因开发森林而获得了丰厚的经济收入，这就是森林的经济价值。

2. 森林的生态功能

森林通过其生物系统影响大气、水、土壤等环境，为人类的生存提供了适宜的环境。森林的生态功能主要有以下几方面：

第一，森林对大气圈的影响。森林植物通过光合作用吸收大气中的二氧化碳，呼出氧气；通过呼吸作用放出二氧化碳，吸收氧气。森林植物可影响大气中氧气和二氧化碳的循环和平衡。没有绿色植物和森林的造氧功能以及汇集二氧化碳的功能，大气圈的组成成分不可能保持稳定，而会越来越不适宜人类及其他生物的生存与繁衍，从而使人类和其他生物从地球上消失。因此，森林对维持大气圈的平衡有着重要作用。实践证明，森林对二氧化碳的影响，可使温室效应减弱，对防止地球气候变暖能起一定的遏制作用。

地球上各种类型的森林植物，还能对排放到大气圈中的各种污染物，起到一定的过滤和净化作用。森林能分泌一些杀菌素、负离子和芳香化合物，对大气进行消毒，使空气清新，从而改善大气环境质量。

森林对大气圈的影响，还表现在森林能在一定范围内起到调节区域气候的作用，森林的存在可形成一种比较湿润、舒适、变化较缓和的气候。当森林被破坏后，气候则变得恶劣起来。

森林还能减轻来自大气圈的灾害，如森林可减低风速，防止风害和干旱风的形成，预防冷害和霜冻，减少雹灾形成，阻挡沙尘暴等。

第二，森林对水圈的影响。水是地球上一切生命所不可缺少的。森林通过对水分循环、水质和防止旱涝灾害等作用来影响水圈．从而对人类及其环境产生影响。

森林通过森林植物蒸腾、林地蒸发和森林植物截持降水的蒸发等过程，将水分大量地蒸发到大气中。森林蒸发比无林地的蒸发量要大 20％～30％。由于林区森林蒸发量大，使其上空空气湿度增大，对陆地水分循环会产生一些影响。以热带雨林为例，每公顷热带雨林每年大约蒸发 7500 吨水。据估计，全球森林的蒸腾量每年约为 48×10^{12} 吨水。这些水会对陆地水分循环产生作用，并使陆地降水量有所增加。

森林具有涵养水源的功能。大量水文资料证明：当森林遭到破坏后，河川水的枯洪变动幅度便会增大。而森林能减低洪峰流量，也增加枯水期流量，调节河川流量，起到既能防止洪涝灾害，又可减轻旱灾的双重作用。森林之所以能起涵养水源的作用，主要是因为林地具有大量枯枝落叶和腐殖质，以及林地土壤疏松、吸水和保水能力强。降雨时，尤其是降暴雨时林地能够大量吸水。

森林还能起到净化水质的作用。由于森林中物种复杂，林地土壤疏松，形成了多层结构。从森林中流出的水，经过多层次筛漏和吸附过滤，可以起到净化水质的作用。

第三，森林对土壤岩石圈的影响。森林对土壤岩石圈的影响，主要表现在森林具有改良土壤、固土、防治荒漠化，保护耕地，防止水蚀和风蚀等方面的作用。森林和植被以其地上多层次结构和地下发达的根系，可以大大减少降雨对土壤的冲刷，并起固土作用，防止风蚀和水蚀。森林和植被有着明显的防风固沙，防止荒漠化的作用。此外，森林还能在一定程度上起改良土壤的作用。这是因为森林能使土壤的物理化学性质改善，如增加土壤有机质，形成团粒结构，增加土壤孔隙度，提高土壤渗透能力和吸附能力，提高土壤中氮、磷、钾含量及各种微量元素含量。

我国是世界上水土流失最严重的国家之一，土壤侵蚀遍布全国。造成土壤侵蚀的主要原因有几个：水蚀、风蚀、冻融侵蚀等。隐藏在这些现象背后更重要的原因是人为破坏森林和植被。因此土壤环境的好坏，需要森林来保障。

第四，森林对生物圈的影响。森林是陆地生态系统中最丰富的类型，在生物圈中占有重要位置。森林生态系统具有最复杂的时空结构，既有较强的反馈调节能力，又有较强的弹性和稳定性，还是巨大的陆地生物基因库。全世界 500 万～1000 万种生物中有半数以上的生物都栖息或生长在森林之中。森林生态系统还具有最高的生物量和生物生长量，是陆地生物光合产量的主体。森林平均单位面积的生物量约高于草原生物量的 20 倍，年净生产量高于草原的 2 倍～3 倍。森林年净生产量占陆地生物量的 60％。因此，森林是支撑陆地生物生存的主体，是人类除农田、草原以外赖以生存的重要物质基础。

由于人类的生产经营，森林面积在不断的减少，由此引起世界物种在骤减。进入 20 世纪以来，平均每天灭绝一个物种。而一个物种的灭绝，平均会导致 10 种～30 种生物的生存危机。物种的消失对于人类的生存是一种威胁，人类将失去很多食物、药物等来源。因此，保护森林就是保护生物圈的平衡。

综上所述，森林在创造经济价值的同时，起到了维护生态平衡的作用。作为全球最大的陆地生态系统，对生物圈中的水环境、大气、土壤、各种物种的生存有着非常重要的影响。森林的减少会破坏整个生态圈的平衡，人类的生存环境会不断恶化，飓风、沙尘暴、泥石流、旱涝灾害等会不断发生，并逐步恶化。目前，水问题已经突显。在环境恶劣的情况下，粮食也将成为人类面临的难题。因此只有保护和营造森林，维持生态平衡，人类才能有和谐的生存环境。

3. 森林的社会文化功能

森林在人类的发展中扮演着重要角色。随着社会的进步，以森林为基础，全社会形成了多种产业，森林旅游、卫生保健等，为社会提供了大量的就业机会，同时促进了经济的增长，满足了人们的多种需要，推动了社会的进步。

森林对人类的卫生保健有很好的作用。由森林所形成的森林小气候，对人的身体具有良好的影响。例如森林里的光线柔和，空气湿润，温差小，平静无风，以及花、果的芳香和悦耳的鸟鸣，不仅直接作用于人的视觉、听觉、嗅觉，而且使人精神愉悦放松，增进人体健康。

森林具有吸尘作用。由于植物结构复杂，树叶表面不平，多绒毛，有的能分泌黏性油脂及汁液，森林能吸附大量灰尘。据测量，每公顷松林每年可滞留 36.4 吨灰尘，云杉则为 32 吨。绿化地的吸尘效果非常明显，减尘率可达 37%～60%。有些树木还具有吸毒、降低空气污染的作用。据测定每公顷松林每天可从 1 立方米的空气中吸收 20 毫克二氧化硫，每公顷柳杉林每年可吸收 720 千克二氧化硫。泡桐、女贞、大叶黄杨、梧桐等树种吸氟和抗氟能力都比较强。

许多森林植物还能释放出大量杀菌素。杀菌素不仅能消灭单细胞微生物、细菌、真菌和原生动物，而且对多细胞动物（如昆虫、壁虱等）有毒害作用。有人统计过，森林内 1 立方米空气中只有 300 个～400 个细菌，而林外则有 3 万～4 万个细菌，在城市的空气中则更多。此外，森林里空气中负离子含量较高，非常有益于人体健康。

森林还能降低噪声。长期处于严重噪声污染的环境下，会使人烦躁不安，工作能力下降，甚至影响人的听力。建造林带可以隔音，抗噪声污染。此外，森林还具有抗辐射、阻碍污染光传播的作用。

森林还具有文化功能。森林是一本天然的百科全书。通过森林，人们可以学习自然，了解自然，增长自然方面的许多知识，欣赏各种天然景观，提高文化素养，热爱大自然。森林也是人们旅游、爬山、远足、探险的场所。

森林的社会文化功能在于它能缓解人们的精神压力，提高人们生活环境的质量，还能给人以学习的机会，同时它也告诉人类，森林和人类只有和谐共处，二者才能持续发展。

综上所述，森林都是对人类有益的功能，我们要注意森林的平衡发展。对它加以利用的同时，还要进行保护和营造，使森林为人类提供源源不断的资源，达到和谐持续发展。

（二）森林与农村

从产业发展史与人类种植耕作史来分析，林业是先于农业产生的。地球上先有森林，然后才产生了人类，人类最早的取食劳动是对森林植物的采集与森林动物的猎取，后来才学会种植农作物。即，农业是后来发展起来的，人类的生存最早的基础是森林，而且森林伴随着人类社会的发展一直服务着人类。现代的农业是建立在生态平衡基础上的，森林是陆地生态系统的主体，没有森林生态系统的屏障作用，农业的丰收就没有保障。

在大多数国家，森林和农村是分不开的。除了一些地方城市和森林交织在一起外，大多数有森林的地方，都有农村。有森林的地方，就有资源，农民可以依托这些资源生存。另外，有森林的地方，气候比较湿润，适于农业生产，这也是森林与农村相伴的一个原因。因此，农业生产与森林有着密切的关联。在我国很多地区，如东北，秦岭等地带，农民依托周边的林业，得以生存，且获得较高的收入，也有很多地方因为破坏森林而无水无田，被迫迁徙。因此，农村要可持续发展，就必须有森林的各种功能服务。

目前，面临着各种自然灾害，农村遭受旱涝，收成不保。这是因为气候的改变，是因为森林面积的减少而造成的。国家林业局公布的第五次全国森林资源清查结果中提到（第五次清查历时5年），全国森林资源现状是：林业用地面积26329.5万公顷，森林面积15894.1万公顷，全国森林覆盖率为13.94%；活立木总蓄积量124.9亿立方米，森林蓄积量112.7亿立方米。除台湾省外，全国人工林面积4666.7万公顷，人工林蓄积10.1亿立方米。据有关资料，我国的植被覆盖率仅为16.55%，而世界平均森林覆盖率仅为27%。对于一个人口众多的国家来说，这样的植被覆盖率是远远不够的，不能保证生态的平衡和社会发展的需要。在中央提出建设社会主义新农村的大背景下，农村的发展成了重中之重。这不仅仅是资金的问题，还有农村生态环境的问题。这个问题才是根本，是建立农村和谐社会，实现可持续发展的重要基础。而农村因为传统粗放的经营方式，为了短期利益，砍伐森林，过量采集森林里有价值的野生植物，猎取森林中野生动物，造成物种的濒危灭绝，森林面积的大幅减少。因此，农村应该成为森林的好邻居，科学经营和管理森林，使森林发挥应有的功能，为城市和农村的可持续发展提供源源不断的资源。

总之，虽然因为城市的发展和人们需求的增加，导致森林面积的减少，但目前各国正在通过营造速生丰产林，来缓解木材需求。农村作为长期与森林相生相随的社会单位，与森林建立了密切的关系。

（三）加强农村林木资源管理的必要性

森林对人类生存环境有着重要的作用。早在二十世纪七十年代，我国就有人认识到森林的重大作用。曾有一篇文章《森林与农业生产》是这样写的：

毛主席指出："农、林、牧三者互相依赖，缺一不可，要把三者放在同等地位。"森林不仅能够为工业提供原材料，改善环境，减少污染，保障人民身体健康，而且能够从根本上改善农业生产的基础条件。因此，林业同农业的关系是极为密切的。

森林在保持水土方面有着很大的作用。森林具有茂密的枝叶，覆盖地表，截留雨水，使大部分降水渗入土中，防止了泥沙下河下川。河川上游有森林，可以涵养水源，清水长流；丘陵坡地有森林，可以减少水土流失；河岸、渠旁有森林，可以防洪护岸，减少水面蒸发；水库周围有森林，可以减少泥沙淤积，延长水库寿命。相反，有些地方没有森林覆盖，一场暴雨，就会出现山洪暴发，泥沙俱下，阻塞河床，淹没良田，淤积水库。人们说："森林是天然的蓄水库。"这是对森林能够涵养水源、保持水土的形象概括。

森林对局部气候的调节作用也是很显著的。树木的枝叶能蒸散大量的水分，增加空气的湿度。据测定，一公顷的阔叶林，夏季能向大气蒸发出 2500 吨以上的水分，要比它本身的重量大三、四百倍。这样不仅增加了空气的湿度，同时，水分的蒸发又消耗了大量的太阳能。因此，森林上空及林内的温度比无林地区一般要低 0.7℃～2.3℃，在炎热的夏天要低 8℃～10℃。气温的降低，林内的相对湿度提高，可以使森林地区上空的湿度、温度和降雨量得到改善，这就为农作物创造了极有利的生长条件。

森林对农业生产的重大作用，还表现在防风固沙方面。和风、微风有利于农作物的生长和授粉。而风速过大，轻则会引起作物过度失水，重则会吹走种子、幼苗，吹落花果，折枝断茎。在沙漠地区，危害就更大了。森林可以起到改变风向、减低风速、防风固沙的效能。

在资本主义国家，森林遭到严重的破坏，给农业生产带来了极大的危害。美国于一百年前在中西部林区曾大量毁林开荒，造成了土壤侵蚀，洪水泛滥。日本在第二次世界大战前后也曾砍伐大片森林，使大量的土壤流失。正如马克思所说："文明和产业的整个发展，对森林的破坏从来就起很大的作用，对比之下，对森林的护养和生产，简直不起作用。”破坏森林是资本主义社会带来的一个恶果。在旧中国，也由于黄河上游和沿岸的森林受到破坏，水土冲刷极其严重，河道多次改道，淹没大量农田，给人民带来了灾难。

在内陆和沿海的一些地区，树木成林，林带成网，既防风，又固沙，为农牧业生产创造了条件。例如，甘肃省民勤县地处腾格里沙漠边缘，解放前由于风、沙侵袭，柴草奇缺，粮食产量很低。从1950年起，他们大力开展造林治沙运动，共造成片林50多万亩，四旁植树700万株，营造林带一百多条，总长1700里。树木的生长，起到减低风速、固定流沙、调节气候的作用，促进了农牧业的发展。到1970年，全县粮食总产量达一亿四千四百多万斤，比1949年翻了一番多，由缺粮县变为余粮县。他们还基本解决了烧柴问题。福建省东山县营造了大面积森林，使农田受台风的影响显著下降。

在海岸、农田周围营造起林带，同样可以防风护田。在我国东北西部，由于营造了大面积的农田防护林，风、旱、雹等自然灾害大大减少。据黑龙江省龙江县的观测，防护林背风面在树高20倍～25倍的范围内，风速降低约25％，水分蒸发量减少约14％，土壤含水量增加约20％，空气湿度也有提高。又据江苏北部防护林试验站测定，棉花在防护林带保护下，可以减少蕾铃脱落率1/3，比无林区增产34％左右。

此外，森林是牧场的天然屏障。林内可以放牧，而且不少树木的枝、叶、果可以为牲畜提供大量的饲料。林业、牧业的发展为农业提供肥料、畜力和资金，进一步促进了农业的发展。

这样的认识给予了森林重要的地位，也给了森林正确的位置。但是，为了促进经济增长和满足人口不断增长的各种需求，全球范围森林都面临着十分严峻的问题，主要表现在如下几点：一是森林面积锐减。现在，世界森林面积正以每年减少几百万公顷速度行进着，而造林面积不到毁林面积的1/10。造成森林面积减少的主要原因是农用地开垦、森林资源大规模开发利用（含木材和薪材）、森林灾害尤其是火灾和工业污染所造成的森林死亡；二是森林质量下降：全球不仅森林面积减少，而且质量在下降。成熟林、过熟林的替积量逐年下降。世界林地面积中仅有10%的立木生长饱满，可以获得相当于它们潜在生产能力一半的木材。由于立木蓄积量的耗竭、林地侵蚀和立地条件退化，致使世界林地的收获量不足其最大生产潜力的20%。加之林地减少，可采资源减少，大径木减少，珍贵树种减少，进一步加速了森林质量的下降；三是森林生物多样性减少：森林生物多样性包括物种多样性、遗传多样性和生态系统多样性。物种多样性是生物多样性的基础。联合国环境规划署官员表示，目前在世界范围内，每年至少有6万个物种灭绝。据科学家估计，由于人类活动的强烈干扰，近代物种的灭绝速度比自然灭绝速度快1000倍，历史上从未有这么多的物种在如此短的时间内面临生存危机。物种多样性的减少，使森林的遗传多样性和生态系统多样性随之减少，这对于人类来说是个不幸的消息；四是森林的生态环境功能减退：森林面积减少、质量下降、物种消失以及其他环境问题对森林的侵害，导致森林功能的大幅下降，特别是使森林的生态环境功能降低，如二氧化碳的固定量减少，吸收有害气体能力的下降，大气质量下降，土壤侵蚀和退化加剧，水旱灾害频繁发生，水资源紧缺、荒漠化进程加快，温室效应更加明显等。

森林面临如此严峻的问题，人类生存环境质量下降，农业生产的生态环境失去平衡，无论对于城市还是农村，森林保护和发展势在必行。对于城市居民保护森林可以从资金、技术等方面支持。保护森林的重担主体落在了农村，因为农村离森林最近，日常生活与森林密不可分。农村是保护森林的基地。但是农村缺乏资金、缺乏技术、缺乏知识，农村需要发展，经济利益是农民关注的重要利益。

如何既保护了森林，又使农村得到长远的发展，是本书的研究重点，也是加强农村林木资源管理的主要原因。

二、农村林木资源管理的概念

（一）林木资源的概念

本书所述的林木资源是指林业生态系统中涉及的相关资源，包括林木、林地、野生动植物以及林业环境中可利用的微生物资源和空间资源。

林木并非木本身，兼有与其共生、依存、互补的一切生物。从生态学角度说，生态需要平衡，即生物的多样性。林地上有茂密的树林，树林下有各色植物，其间有各种动物栖息，此为完整的生物圈，林业才能长足发展。因此，本书在借鉴相关法律条例的基础上，将林木资源定义为与林木有关的广泛的资源。

（二）农村林木资源

在城市、乡镇、农村中，农村距离森林最近。前面提到的林木资源，大部分与农村有密切的联系。农村与林业资源的联系不会受林业产权归属的影响。

农村林木资源是指农村范围的所有林业资源，包括个人林地、集体林、自留山、农户承包经营山林、农户房前屋后林木，以及与此相联系的野生动植物、微生物及空间资源。

农村林木资源极其丰富，这些资源都可以不同程度地给农民带来收益，因此农民应该关注农村林木资源，保护农村林木资源，并且发展农村林木资源。

（三）农村林木资源管理的概念

农村林木资源管理是指在遵守相关法律、条例的基础上，统筹规划农村林木资源的发展，科学地保护、开发、营造、利用农村林木资源。

从各国的发展历程来看，粗放地利用森林资源，造成大片森林的消失、水土流失、沙漠化等恶劣现象。在我国，大部分林业资源在农村，农村在林业资源发展中起着举足轻重的作用。在我们意识到林业的重要性时，如何协调保护与利用的关系，如何协调眼前利益与长远利益的关系，如何立足林业资源优势，使农业、农村、农民得到长足发展，实现经济效益和社会效益、生态效益的和谐统一，这是对农村林木资源管理提出的较大难题。农村对林业资源利用的优劣，决定了农村的长远发展，也决定了林业资源的可持续性。

第二章 农村林地管理

土地是生产、生活的根本，农村林地管理不仅有林地的经营利用管理，也包括林地的权属管理，且林地权属是林地经营利用的基础。林地权属不清晰、不明确，纠纷频发，林农无法正常经营林地，对于林业产业发展有着不利的影响，也对农民增收、农村社会的和谐有着很大的阻碍作用。因此，农村林地管理，重点是林地权属管理。

一、农村林地的范畴

林地是林业用地的简称。林业用地是土地资源的一种。土地是地球表面的有限资源，是人类生存与发展的基础条件。在人类社会的发展与进步过程中，对土地的开发、利用是多目标、多用途、多方位的，如农牧耕作、道路交通、城镇建设、工厂矿山都需要一定数量的土地。按照土地的经济用途可以划分为很多类型，其中，用于培育森林、经营森林、利用森林的各种活动所使用的土地属于林业用地。

林业用地是个广义的复合概念。它包括：林木集中生长形成森林群落，林分郁闭度 0.3 以上的土地，称为乔木林地；虽有林木生长但不能构成森林群落，林分郁闭度低于 0.3 的土地，称为疏林地；已经造林成功，保存率符合规定标准，因树木年幼尚未成林的，称为未成林造林地；还有灌木林地；森林被采伐而形成的采伐迹地；森林被火灾焚毁而成的火烧迹地；专门用来培育树苗的苗圃用地；经国家科学规划认可适于植树造林发展林业使用的宜林地等。

我国的国土面积为 960 万平方公里。给林业使用的土地只是其中的一部分。据粗略的估计，城市、乡镇建设用地，道路交通用地要占去10%左右；农耕地要占用10%～12%；水域面积（不包括海洋）接近4%；大约有19%的土地为沙质荒漠、戈壁滩、寒漠、永久积雪、冰川、石骨裸露地等，开发利用的难度很大。在土地利用的格局上，除了城镇居民区的园林绿化用地之外，基本上是各行各业需要占用的土地，所余可利用的土地才留给林业。

林业用地在国土中所占的比例大小，随着经济政策的变化与经济发展的进程不断发生变化，但从总体上来看，林业用地在各种经济建设用地中占据首位则是肯定的。20世纪80年代末，我国在土地利用区划中，划为林业用地的面积约占国土面积的28%。目前，我国林业用地的比重已经接近国土面积的30%。改革开放30年来，随着我国生态建设步伐的加快，节约集约利用林地水平的不断提升，保证了林地和森林覆盖率的稳步增长。但是，林地总量不足、利用率不高、生产力低下、管理制度和手段落后的问题依然严重，林地保护的形势相当严峻。特别是随着国家对耕地保护力度的逐步加大，一些不合理的占地项目开始向林地转移，林地保护管理的压力进一步加大。面对经济社会发展用地需求快速增长、土地供给约束日益加大、绿色生态空间需求日趋强劲的新形势，林地管理如何担负统筹生态文明建设和保障社会经济发展用地的艰巨任务？2007年，国家林业局局长贾治邦提出了林地“红线”的理念。作为解开林地保护利用矛盾的一个重要对策。该理念得到了国内外的充分肯定。林地“红线”，即全国林地资源的最低保有量。换言之，林地保有量是根据达到森林覆盖率目标要求的森林面积与预期可以达到的林地利用率之比确定的。2007年9月，胡锦涛总书记在亚太经合组织（APEC）第十五次领导人非正式会议上提出了到2010年我国森林覆盖率增长到20%的发展目标。中央林业《决定》明确提出了到2050年森林覆盖率达到并稳定在26%以上的发展目标，按照较高的林地利用率水平测算，届时全国林地最低保有量要达到46.5亿亩。所以，要达到这一目标，森林覆盖率必须在现有的水平上提高7.79个百分点，有林地面积必须达到37.5亿亩，林地利用率必须达到85%以上，也就意味着有林地面积必须增加11.25亿亩。

在林业用地中，占有重要经济地位的是有林地，有林地面积与林业用地面积之比，称为有林地比率或林地利用率。这个指标可以表明一个国家林业的发达程度，一般经济发达国家的有林地比率均达60%以上，而我国则不到50%。我国有林地比率水平较低的主要原因是我国森林不多，属于少林国家。

农村林地是指在农村范围内的各种权属的林地。这只是一个范围的限定，农村林地主要包括集体林地和自留山林地。在农村区域范围内的各种林地都和农民有着密切的联系，林地资源的保护和利用与农民有很大的关系。因此，农村林地管理是必需的、必要的，有非常重大的意义。

二、农村林地权属管理

自古以来，土地权属意义重大。土地权属是人与土地关系的反映。权属管理是国家权力主体对人与土地关系的一种调节与控制。土地作为人类生存发展的基本资源，首先要权属清晰才能起到生产力要素的作用。林地权属管理是土地权属管理在林地管理中的具体应用。林地作为国土资源中数量最大的地类，它的管理不同于耕地管理，也不同于城镇土地管理，有它自己的行业特点。

林地权属管理是建立发达的林业产业体系的基础条件，建立完善的林业生态体系也离不开林地权属管理。但我国的林业产业一直处于落后状态，加上林业管理体制的制约作用，我国的林地管理一直是处于低水平状态的，林地权属管理处于模糊不清的状态。在《森林法》的公布施行与林业管理体制改革的推动下，使我国林地权属关系清晰明确的前提下，林地的资源优势才有了转化为经济优势的可能。要真正做到林地权属关系清晰明确，既涉及林地管理理论，又涉及林地经营实践，还需要有一个有序的市场环境，它是一系列带有政治性与经济性的管理过程。我国林地权属管理的情况还处在理论不成熟，法制不完善，操作不规范的阶段，需要不断地实践总结完善。

（一）林地所有权及其权能结构

林地所有权在有林业资源的农村关系着农民的切身利益。林地所有权是包括土地所有权在内的广义的财产所有权法律关系的一种，是土地所有权的一种类型。我国的林地所有权在宏观上受土地所有权管理状况的制约，是土地所有制的一种法律体现。

1. 土地所有制

土地是人类生产、生活最基本的生产资料，拥有土地是财富的重要表现之一。表示土地属于哪个社会阶层或经济主体的经济制度是土地所有制。它是国家基本经济制度的体现，具有很强的政治倾向性。根据土地所有制的类型，基本可以判断一个国家的经济体制。当今世界各国的土地所有制基本属于两大类型：一是社会主义土地公有制，土地属国家与集体所有，土地不准自由买卖。在我国，土地属全民所有和属劳动群众集体所有只是公有制程度上的差别，但都属于公有制。二是土地私有制，土地基本上属于私人所有，可以自由买卖。因历史发展过程不同和一国经济政策演变的结果，不同国家土地私有制的具体形式也各不相同。如英国的土地是大地主所有制，土地90%归私有，除土地所有者自己耕种部分外，大部分租给佃农耕作。日本的土地则大部分归个体农民所有，80%以上归自耕农，10%以上归半自耕农，这两类农民占有土地的95%以上。为了用法律维护土地所有制的合法性，就产生了土地所有权。土地所有制是经济制度的一种，属于经济基础。而土地所有权是一种法律关系，属于上层建筑。土地所有权是土地所有制的法律表现，是受法律保护的意志范畴，它是人与土地的关系受法律规范调整时所产生的一种经济法律关系。由于林地是土地的一种，林地所有权则是土地所有权的一种。

我国的林地所有权是在土地公有制基础上，由法律规定而产生的。是林地所有者在法律规定范围内占有、使用、处分林地并从中受益的权利。林地所有权关系到林地所有者的经济利益，是利益基础。对于农村来说林地所有权更具有权威性。

2. 林地所有权的权能结构

林地所有权的权能体现了不同主体的不同利益。依据《中华人民共和国宪法》、《中华人民共和国森林法》、《中华人民共和国土地管理法》的有关规定，我国林地所有权的权力主体有两类：全民所有制单位与集体所有制单位，排除了林地私有制，不承认私人的林地所有权。林地所有权法律关系主体、客体和内容的确认，必须服从于巩固林地公有制，维护森林资源公有制度。依法取得的林地所有权受到国家法律保护，任何侵权行为均应受到查处与法律制裁。林地所有者必须在法律规定的范围内行使林地所有权。法律可以根据社会、政治、经济的具体情况，对所有权的行使范围作出某种限制，例如划分管理权限、限制权属变更的方式与范围等。

林地所有权中的“所有”是内涵丰富的复合概念，当林地所有者主体出于经济目的行使所有权时，常把它分解为几种权利职能。根据经济法学界财产所有权理论，林地所有权可分解为四项权能。每项权能既是所有权的组成部分，又可以依据经营活动需要而单独行使。这四项权能是林地的占有权、使用权、受益权、处置权。

第一，林地占有权。是指权利主体对林地事实上的占有与控制的权利。林地占有权是依照法律规定对林地占有所产生的权能，是法律关系；占有是指对林地在事实上进行控制的实践活动。因此，占有权与占有是两个不同的概念。林地可以为林地所有者占有，也可以根据所有人的意志为非所有人占有。如国家所有的林地可由政府授权为某林业企业占有，代表国家行使所有权的某些权能。

第二，林地使用权。是指权利主体把林地作为经营对象投入使用的权利。使用权同样也是一种权能，对林地的使用则是一项经营活动或经济行为，它服从于某种经济目的，无目的的使用是不存在的。林地可以为所有者使用也可以依法为非所有人使用。国有林地可交付各类经济主体使用，非国有经济成分的单位与个人，都可以依法取得国有林地的使用权。

第三，林地受益权。是指权利主体在对林地占有、使用、经营、管理过程中可以获得经济利益的权利。包括林地在内的森林生态系统，会产生产品效益、生态效益、社会效益，受益的范围可以大大超过林地的地域界限，也不仅局限于林地所有者，非所有人受益的机遇与数量都很高。林地经营具有公益性，这是客观规律。

第四，林地处置权。是指权利主体对林地依法处置的权利。处置的内涵是改变林地在法律上或事实上的归属，或者说改变林地的占有者、使用者、受益者的权利。例如对林地的转让、出租、征用、占用等都是处置的形式。林地所有者可以处置，非所有者也可依法处置，用来达到某种经济目的，或满足某种需求。处置权的行使一般都有严格的程序，不能随意处置。

3. 林地所有权和四项权能的分离

所有权与上述四种权能相比是全局与局部的关系。某一权能是所有权的一部分，相对于所有权，它是局部。但其又是一种独立的法律关系，有其自己的法律关系主体、客体、内容。四种权能的主体与所有权的主体可以分开，可不属于同一主体。林地的非所有人可以依法取得林地的某一种或几种权能。林地所有权的主体与林地四种权能的主体可以分离，这一原则称为四权分离原则。人们在习惯上把占有权、使用权、受益权与部分的处置权合起来称为经营权。经营权的主体与所有权主体也可以分离开，称为两权分离。四权分离或两权分离是我国在经济体制改革中确认并积极推广的极为重要的管理改革。林地所有权与林地经营权的分离是林地权属管理中的重要原则。在四种权能中，处置权是核心，它可以影响林地的归属，受益权是目的，占有权、使用权是手段，占有与使用如果不能受益则失去了其经济意义。权能分离的目的就是为了扩大受益的范围，提高受益的总量与水平，改变利益分配的格局，最终是为了发展林地生产力。

林地权属管理中的“两权分离”原则是依据经济体制改革的重要理论，打破政企不分局面，消除行政手段管理经济的束缚，建立承包责任制，调动经营者的积极性，解放生产力等一系列改革措施的出台，都是在权能分离原则指导下进行的。

（二）林地产权制度

从20世纪50年代初期的土地改革，到1986年《中华人民共和国土地管理法》的诞生，我国确立了土地公有制的经济体制，但土地产权制度始终未能完善。1987年1月1日，《土地管理法》生效实行，标志着我国的土地产权制度逐步建立与完善。1993年8月，林业部公布了《林地管理暂行办法》，新的林地产权制度开始形成。

1. 林地产权概述

产权与资产所有权是不同的概念，产权是高度发达的商品经济发展到无形财产也成为商品时产生的新概念。产权的实质含义标志着依靠无形资产的经营也能形成产业。它是财产所有权的发展与扩张，是无形资产参与市场竞争的产物。

财产所有权关系是民法所规范的法律关系，产权关系除了受民法调整之外，还受行政法所调整。产权法律关系的产生、变更、终止是在一定经济条件下的经济行政行为，理顺产权关系必须依靠经济行政行为，靠民法、经济法、行政法的综合规范作用才能完善。

林地产权是林地资产所有权在商品经济条件下发展与扩张的产物。林地所有权及其各种权能，作为无形财产的特殊商品参与市场流转时所形成的法律关系，就是林地产权法律关系。林地产权法律关系是社会主义市场经济体制下优化林地资产配置所必需的。

社会主义林业市场经济体制的基础是现代林业企业制度。现代林业企业的特征之一就是产权明晰。所以，林地产权明晰与否是建立现代林业企业制度的关键。目前，我国的林业企业陷于两危，与林地产权关系不清，林地大量流失有很大的关系，要扭转危机局面，首先要做到理顺林地产权关系，做到林地产权明晰，为建立现代林业企业制度创造条件。由此可见，加强林地产权管理，是林业企业适应市场经济发展的必然步骤。

2. 林地产权制度

林地产权法律关系不是单一性法律关系，是有着多层次结构的复合型法律关系。在林地产权法律关系的不同层次上，有不同的法律关系主体，各自承担不同的权利与义务。主体之间相互协调，共同的目标是使林地资产处于最佳的经济状态，获得较高的经济效益。

建立林地产权制度，就是用规范化的法律行为，确立落实林地产权法律关系的各要素，并使之互相协调地发挥作用。林地产权制度应当包括以下内容：第一，依法确认林地资产的所有者；第二，依法确认林地资产的占有者；第三，依法确定林地资产的使用者；第四，依法确立林地资产处置权的行使者及其规范程序；第五，依法理顺林地资产经营中的利益分配关系，维护林地资产经营者的合法权益；第六，林地资产管理机构的权限划分及其各自承担的责任等。通过明确各项内容，才能明确林地产权，才能理顺各项经济利益，林业才能得到较好发展。

总之是以规范化的经济行政法律行为与经济民事法律行为来实

现林地资产的产权管理，杜绝执政者或当事人的主观随意行为，使林地产权管理适应社会主义市场经济体制。

3. 林地产权证书制度

改革开放后，在国务院统一部署下，在全国范围内开展了稳定山权、林权、划定自留山和确定林业生产责任制的林业“三定”工作。在林业三定的基础上又在国有林区开展了颁发“国有土地使用证”与“国有林林权证”的工作。凡属国有林业单位在林区使用国有土地从事与林业有关的各种经营活动，都依法办理“国有土地使用证”作为经营者合法占有、使用国有土地的法律凭证。凡归属国家所有的森林都依法办理“国有林林权证”。按照全国人大常委会法制工作委员会的解释，县级以上人民政府依照《森林法》的有关规定核发的确认林地所有权或者使用权的证书，也就是该土地所有权或者使用权的证书。

林业三定及“国有土地使用证”、“国有林权证”的颁发，对加强林地权属管理，提高林地经营水平，稳定林业经济秩序起到了极为重要的作用。但从建立现代林业企业制度，完善林业市场经济体制的角度看，仍然存在着一些不足。

（三）林地权属变更管理

林地产权明晰是建立现代林业企业制度的首要标志。在完善林地产权法律关系，颁发林地产权证书之后，林地经营才纳入法制管理轨道。但是，林地产权管理不是一劳永逸的，在林地经营开发过程中，仍有多种因素会引起林地权属的变更。在林地产权法律关系三要素中，客体林地是不动产，除了边界的变化导致数量在不同主体之间移动之外，基本上没有其他的变更，林地权属变更主要表现在林地产权主体的变更与林地产权法律关系内容的变化。这种变化往往涉及林地产权的归属及利益分配关系的改变，具有很强的政策性与经济性，管理不当会引起财产纠纷甚至经济诉讼。所以加强林地权属变更的管理，是稳定林业经济秩序，发展市场经济，繁荣林区建设的需要。

1. 林地权属变更的形式

国家经济建设离不开土地。林业是地域性产业。林业用地在土地利用的分类中占居首位。随着经济的发展，国家建设项目日益增多，我国人均耕地面积较少，粮食供应不甚充足。住宅也紧张，随着人口增加，解决吃住问题也需要使用土地。各行各业都在向林业要土地的现象随时都在发生。国家富强，人民富裕都离不开对土地的开发利用。当然，其中也包括对林地的开发利用。从宏观经济管理角度看，林地权属的变更是经常发生的，原因也是多方面的。权属变更管理中的疏忽与粗放，都会导致国有林地的流失与经济利益的损失。

林地权属变更的主要形式是：林地的征用与占用。它主要涉及林地所有权与使用权的改变。市场经济体制下，林地所有权与经营权的分离成为普遍现象，应纳入法制轨道，并把竞争机制引入林地经营与开发。林地使用权的有偿流转应受鼓励与提倡。林地使用权的转让属于林地经营权的部分变更，也应纳入林地权属变更管理的范围，并使之规范化、法制化。

第一，林地征用。出于国民经济发展的需要，因勘察设计、工程设施、矿藏开采及修建其他永久性公益设施等，依法使用集体所有的林地并给予补偿的称为林地征用。林地被依法征用后，其所有权发生改变，由集体所有转变为全民所有。同时该地的使用权也依法归征地单位所享有。

第二，林地占用。出于国民经济发展的需要，因勘察设计、工程设施、开采矿藏及修建永久性公益设施等，依法使用全民所有的林地，并向森林经营单位补偿经济损失的称为林地占用。所占林地不改变林地所有权，仍归国家所有；而林地的使用权将发生改变，依法归占用林地单位使用。

第三，改变林地用途。林业经营单位在其所管辖的林地内，修筑为林业生产服务的道路或其他工程设施而占用林地，林业企业为调整产业结构在所使用的林地上兴办非林产业或从事其他经营而占用林地，也属于对林地的占用。这种占用既不改变所有权，也不改变使用权，但占据了培育森林所需的林地，改变了林地的用途，也应依法进行管理。

2. 林地权属变更的审批管理

征用集体林地时，按国家土地征用法规办理。土地管理部门接到建设单位用地申请后，须征得林业主管部门审核的书面意见，经依法审查同意后，按法定审批权限报人民政府批准。

占用林地由用地单位根据上级主管部门批准的计划任务书或设计文件，按照国家土地管理法规定的审批权限和程序，提出占地申请，报县级以上人民政府批准。

征用并占用林地面积2000亩以上的，由省级人民政府报国务院批准。不足2000亩的按各省级政府规定办理。国有林业单位修建林区道路、护林设施、必需的住宅和其他直接为林业生产服务的设施、建筑，需使用其经营范围内林地的，按照上级批准文件执行。

用地单位在申请办理征用、占用林地手续时应提交下列文件：(1) 国务院主管部门或县级以上地方人民政府按国家基本建设程序批准的设计任务书或批准的文件；(2) 被征用、占用林地单位和个人的林权证；(3) 征用、占用林地的地点、面积、四至范围的说明及有关资料；(4) 按规定交纳有关补偿费用的证明文件或协议书；(5) 如需采伐林木，还应提交采伐林木书面申请和采伐作业设计文件等。

经批准征占林地的单位，应按规定向被征用、占用林地单位交纳林地补偿费，林木及其他地上附着物补偿费和安置补助费，向县级以上林业主管部门交纳森林植被恢复费。具体补偿标准与补偿办法，由省、自治区、直辖市政府自行规定。

征用、占用林地单位必须按批准的数量、范围使用林地。需采伐林木的，应办理林木采伐许可证；需拆除林地上直接为林业生产服务的设施、建筑时，须经县以上林业主管部门批准。临时性使用林地者，应当签订临时用地协议书；在按规定支付林地损失补偿费后，由县以上林业主管部门办理临时使用林地手续。临时使用林地时间由省级林业主管部门决定。

我国是少林国家，森林覆盖率不足15%，林地中的有林地比率与林业发达国家相比差距较大。无论是从改善生态环境出发，还是从增加森林面积发展林业出发，征用、占用林地，改变林地用途应越少越好，管理上应从严控制。全社会都应当十分注意爱惜和保护林地，尽量少占或不占林地，为加快国土绿化，增加森林资源，改善生态环境，发展国民经济多做贡献。

3. 林地经营权的有偿转让

市场经济体制下，林地产权也是商品。林地资产的全部产权或部分产权都可以有偿转让。为了建立现代林业企业制度，国有资产的所有权与企业法人财产权实行分离。林业企业对国家授权经营的林地资产，只要在不流失、不损坏，既保值又增值的前提下，可以将林地资产的部分经营使用权有偿转让，以利于林地资产的优化配置，便于林地经营主体的规模化、集约化经营。在林业体制改革过程中，各地出现的拍卖荒山、有林地、自留山经营权的有偿转让等做法，就是林地经营权有偿转让的实践。

林地经营权有偿转让的理论依据就是国有资产所有权与企业经营权分离合法性的理论。中共中央关于建立社会主义市场经济体制的决定中，对这种两权分离给予肯定，并指出它是建立现代企业制度所必需的。

林地经营权的有偿转让与林地权属变更有所不同。首先，这种转让是在较低层次的林地产权主体之间进行，多数是林业劳动者经营主体这一层次，不涉及所有权的变更，绝大多数不改变林地资产的占有控制权，转让的客体是林地经营投入产出过程中的劳作决策权；其次，转让的目的是为了提高林地经营的经济效益；最后，转让的程序步骤是以契约形式体现的，服从于林地产权的法制管理。

林地经营权的有偿转让有利于把竞争机制引入林地资产的开发与经营过程，受让者多数是通过竞争（如竞价购买使用权）而获得经营权的。这种转让有利于林地资产向能人手里集中，实现规模化与集约化经营，因而也有利于发展林业生产力。林地经营权的转让增强了林业企业的活力，使许多沉睡多年的荒山、荒坡，集中到懂科学、善经营、会管理者手中，生产潜力得以发挥，为社会创造更多的产品与财富，富国又富民。

（四）我国林地权属改革

我国在林地权属管理方面做了很多尝试。社会经济的发展，对林业的需求不断增加，林地是林业发展的基础，林地成为国家关注的重点。我国林地权属管理经历的风雨，主要体现在以下几个方面：

一是林权登记发证方面。林地是林业最重要的生产要素，是农村最敏感且与农民利益最密切的生产资料和保障资料，所以，林权登记发证工作是依法治林的核心，是推进现代林业改革的重要内容。截至 2007 年，全国依法完成林权登记发证面积达 37 亿亩，占林业用地总面积的 90%以上。退耕还林地登记发证面积占应发证面积的 50%。国务院确定的国有重点林区林权证发放工作基本完成。林权登记发证，成了各级林业主管部门一项重要的日常工作。从 1950 年通过的《土地改革法》开始到 1984 年通过的《森林法》，都充分体现了林权登记制度改革的成果，第一次以法律的形式把林权问题通过“核发证书”确定为法律关系，为促进依法治林奠定了基础。

1998年修正的《森林法》进一步规定："国务院可以授权国务院林业主管部门，对国务院确定的国家所有的重点林区的森林、林木和林地登记造册，发放证书，并通知有关地方人民政府。"2000年，国家林业局在重点督促和指导退耕还林地确权发证工作的同时，还启用了全国统一式样和编号的林权证。2003年3月1日起施行的《农村土地承包法》与《森林法》的有关条款互相衔接，再一次确认了林权证的法律地位，明确规定对承包林地及其流转权属发放"林权证书"，以防止一些地方用土地证代替林权证的错误做法，甚至出现林权证与土地证、草原证等权属证书"交叉盖被"现象的发生。《物权法》第10条则确立了国家对不动产实行统一登记的制度，无疑，这一制度的实施，将对林业主管部门承担的林权登记发证的职能产生重大影响。

二是林地征占征用审核审批方面。为了切实控制林地转为建设用地的数量，避免导致森林面积减少，又保证国家经济建设对林地的正常需求，我国《森林法》作出了占用、征用林地审核审批的规定。30年来，全国各类建设工程征用占用林地的审核、审批率逐年提高。据统计，全国各类建设项目征占用林地的审核率由1998年的53.1%提高到2006年的89.9%。森林植被恢复费的收缴率从1998年的19.4%提高到2006年的90.7%。1984年颁布的《森林法》第一次将占用与征用林地的审核，作为一项制度以立法的形式确定下来，并确立了具有深远意义的不占或者少占林地的原则。1994年，国务院办公厅颁发的《关于加强森林资源保护管理工作的通知》（国办发［1994］64号）中再次重申，占用、征用林地要经林业部门初审同意。1998年修改《森林法》时，根据有些全国人大常委会委员和一些地方、部门的意见，将林业主管部门前置审核这一程序作为法律规定加以明确。2000年《森林法实施条例》赋予了林业主管部门对临时占用林地和修筑直接为林业生产服务的设施的直接审批权，并对征占用林地的审核程序、权限、被占用或征用林地上林木的采伐等问题作了详细规定，从而进一步完善了征占用林地的前置审核制度。《土地管理法》也明确规定，涉及林地的各项建设工程，必须征得同级林业主管部门的书面审核同意之后，再由土地管理部门呈报有权批准的人民政府审批，林地管理真正形成了实行土地管理部门统一管理和林业主管部门专业管理相结合的制度。

30 年的实践证明，占用、征用林地事先取得林业主管部门同意的做法，在严把林地供给闸门的同时，从审核审批的效率和效果考虑也有亟须改进之处。国发［2005］41 号文依据“不占或者少占林地的原则”，在总结各省成功经验的基础上，明确要求占用、征用林地审核审批必须逐步实现预审和专家评审制度：一是必须把审核审批的重心前移到建设工程的审批、核准或备案之前，以利于某个项目工程可以根据生态保护的要求选最优化的占地方案；二是必须通过专家评审使得林地审核审批的评价体系更加规范和精准，避免工程项目随意、盲目征占用林地情况的发生。

三是林地植被恢复费方面。建设单位征占用林地缴纳森林植被恢复费、林地补偿费、林木补偿费和安置补助费等四项费用，既标志着我国的林地管理初步实现了依法有偿使用林地，切实维护了林农和林业经营者的合法权益，又保障了异地恢复森林植被的经费来源，对推动林业又好又快发展发挥了重要作用。国家物价局（1989）价费字 672 号文《关于审定部分收费项目的通知》第六条规定：“《森林法实施细则》规定，‘占用林地单位应当向森林经营单位补偿实际损失。’据此，各省、自治区、直辖市物价部门应根据本地区实际情况，会同有关部门制定森林植被恢复费和林地、林木补偿费。”为了进一步严格执法，《森林法》第二次修正时从法律上新增了必须缴纳森林植被恢复费和有关的使用、监督规定，还明确了森林植被恢复费征收标准由国务院规定。2003 年，经过深入调研和反复征求意见，国家林业局与财政部两部门于2002年联合下发了《森林植被恢复费征收使用管理暂行办法》（财综［2002］73号），在全国范围内统一并大幅度提高了森林植被恢复费的征收标准，规定了专款专用、收支两条线等征收、缴库、使用管理、违规处理等事项。直到今天，开征森林植被恢复费的最大意义，就在于利用经济手段控制林地的非法流失，保证森林资源不因占用或者征用林地而减少。众所周知，耕地的主要功能是满足人们的生存需求，相比之下，林地的生态功能是第一位的。耕地的收益除缴纳的税费之外，完全由耕地的使用者享用，而实现林地功能的“看不见摸不着”的生态效益则主要是社会公众共享。按此差别考量，林地的价格决不能仅仅体现林地及其承载的附着物的实物量价值，应该讲求林地在经济效益、生态效益和社会效益三个方面的统一性，应该正确反映林地的市场供求关系、资源稀缺程度和生态损害成本。否则，林地价值只会被严重低估。当前，完善相关的配套制度设计使各类费用实现向林地生态价值补偿为主的转变，实行林地资源资产和生态效益评估，大幅度提高林地和林木补偿费的标准，乃至开征林地占用税，以切实起到利用经济杠杆落实“各项工程建设应当不占或少占林地”规定的精神，无疑可能是遏制不合理的林地流失的有力举措之一。这些新的规定，更加关乎广大人民群众的切身利益，更加突出了社会稳定与和谐社会建设，也必定受到更多欢迎。

四是林权制度改革方面。长期稳定和不断完善以土地家庭承包经营为基础、统分结合的双层经营体制，是党在农村政策的核心内容。长期以来，林业发展的制度设计滞后，特别是林地经营制度这一根本性问题没有解决，难以适应经济社会发展和现代林业建设的需求。对此，中央以《物权法》和《农村土地承包法》等政策法规体系规定的林地用益物权和林地不动产担保物权等为法律保障，选择林权制度改革为突破口，用改革的办法解决林业发展中的制度建设问题。国发［2005］41号文明确提出，集体林权制度改革的最终目标是，建立“产权归属清晰、经营主体到位、责权划分明确、利益保障严格、流转顺畅规范、监管服务有效”的现代林业产权制度。2006年，国务院还决定继开展集体林权制度改革后，在伊春国有林区同时开展林权制度改革试点，从而打破了50多年来国有林区国有国营的经营管理体制，试点已经取得了阶段性成效。目前，林权制度改革成为各级党政工作的重点、社会关注的热点、农民期盼的焦点、加强农村基层党风廉政建设的切入点和林业发展新的起点，给林区带来了新的曙光和深刻变化。

30年前，通过耕地家庭承包经营，充分解放了18亿亩耕地的生产力，一举解决了13亿人口的吃饭问题。但是，43亿亩林地却没有解决13亿人的木材需求问题。目前，我国林地的经济产出平均只有20多元，为耕地平均产出680元的1/30。这是差距所在，也是潜力所在。如果25亿亩集体林地的产出能提高到耕地的产出水平，其效益将十分可观。

五是森林、林木、林地使用权流转方面。推进森林、林木和林地使用权合理流转，逐步完善现代林业产权制度，是社会主义市场经济的必然要求。买卖“青山”从过去的销声匿迹到复出，且流转量不断增加，到再度逐渐转变为大势所趋，森林、林木和林地使用权流转的法律法规及相关政策也相继出台。1988年《宪法修正案》第二条规定：“土地使用权可以依照法律的规定转让。”时隔10年之后出台的《森林法》第十五条在我国第一次确立了森林、林木和林地使用权流转制度，为推动我国土地使用权流转制度的完善和林权制度改革迈出了重大的一步。《土地管理法》第十一条规定，确认林地的所有权或者使用权，依照《森林法》的有关规定办理。《森林法》规定的林地使用权制度，又成为了土地使用权制度的有机组成部分，为商品林林地资源的市场化奠定了法律基础。在《森林法》

第十五条规定的基础上，中央林业《决定》进一步提出要加快推进森林、林木和林地使用权的合理流转。《物权法》则把《农村土地承包法》规定的农村土地承包经营制度明确为国家的基本物权法律制度，森林、林木和林地使用权流转制度得到了不断的深入和细化。同时，各地尤其是南方集体林区，《福建省森林资源流转条例》和《江西省森林资源转让条例》等地方性法规规章，进一步规范了林权流转。

近年来，为搞活林地经营，发展林业，让林业产生较大的社会效益，国家在集体林地的经营权上做了大胆的尝试，2008 年下发了《中共中央国务院关于全面推进集体林权制度改革的意见》（以下简称《简见》）。《意见》指出，将用 5 年左右时间基本完成明晰产权、承包到户的改革任务。在此基础上，通过深化改革，完善政策，形成集体林业的良性发展机制，实现资源增长、农民增收、生态良好、林区和谐的目标。在坚持集体林地所有权不变的前提下，依法将林地承包经营权和林木所有权，通过家庭承包方式落实到本集体经济组织的农户，确立农民作为林地承包经营权人的主体地位。林地的承包期为 70 年，承包期满，可以按照国家有关规定继续承包。这样既有利于集体林业的发展，也有利于农民的致富。国家林业局政策法规司负责人对《意见》进行了以下解读：

第一，产权。把林地真正变成农户的生产资料。从 2003 年试点开始，集体林权制度改革已在多个省份推开。这项改革将农村家庭承包经营制度从耕地向林地拓展和延伸，丰富和完善了农村土地经营制度。

国家林业局局长贾治邦在全国集体林权制度改革厅局长培训班上说，全面推进集体林权制度改革，关键要抓住“明晰产权”这一核心。通过采取家庭承包经营方式，将林地承包经营权和林木所有权落实到本集体经济组织的农户，从而把林地真正变成农户的生产资料。这是新一轮集体林权制度改革的核心，也是这次集体林权制度改革区别于历次集体林权制度改革的根本不同和重大突破。

家庭承包，是以农村集体经济组织内部的每一农户作为承包人与集体经济组织建立承包关系，承包林地林木用于林业生产经营的方式。

在明晰产权中，必须维护林地承包经营的长期性和稳定性。《意见》明确规定，林地的承包期为70年，承包期届满可以按照国家有关规定继续承包。这一政策符合林业生产周期长的特点，进一步表明党的农村政策长久不变；同时要保持初始承包的稳定性，已依法明确的林地使用权和林木所有权要予以维护。需要说明的是，林地承包期为70年，指依法通过家庭承包方式取得的林地承包经营权期限，不包括集体流转或其他方式。

第二，经营权。按户承包，按人分山，人人有份。确保农民平等享有集体林地承包经营权。以家庭承包经营为基础、统分结合的双层经营体制，是我国农村的基本经营制度。

林地与耕地一样，是国家重要的土地资源，是农民重要的生活保障。对集体林地林木产权的初始分配，必须采用家庭承包经营制度，并且做到每个家庭及其成员都平等享有承包经营的权利。因此，集体经济组织将林地林木发包给农户承包经营时，要按照每户所有成员的人数来确定承包份额，切实做到“按户承包，按人分山”，也就是要突出一个“均”字，确保“人人有份”。

《意见》提出，“实行商品林、公益林分类经营管理。对商品林，农民可依法自主决定经营方向和经营模式，生产的木材自主销售”。这体现了三项政策的放开：一是只要不违背法律的禁止性规定，对林地种什么树种、什么时间种、培育目标是什么都可以自己决定；二是可以选择单独经营、合作经营或委托、租赁等经营模式，享有生产经营自主权；三是木材作为商品，可以自主决定要不要卖、怎么卖、卖给谁。政策赋予承包经营权人的生产经营自主权，发包人和其他任何第三人都无权进行干涉。

第三，处置权。不能改变林地用途。《意见》提出："在不改变林地用途的前提下，林地承包经营权人可依法对拥有的林地承包经营权和林木所有权进行转包、出租、转让、入股、抵押或作为出资、合作条件。"

这可以从四个方面进行理解：一是放活了林权流转市场，推进森林资源经营向资产、资本经营转变，增加农民资产性收入，但不包括森林里的野生动物、矿藏和埋藏物；二是以"依法、自愿、有偿"为必要前提，有利于维护农民利益和林业发展；三是放开林权流转方式，只要法律没禁止，林地承包经营权人可以自主选择；四是明确流转期限不得超过承包期的剩余期限，流转后不得改变林地用途。对集体统一经营管理的林权流转，要在本集体组织内提前公示，得到成员同意，收益应纳入农村集体财务管理，用于集体经济内部成员分配和公益事业。

第四，收益权。确保农民得实惠。《意见》规定："农户承包经营林地的收益，归农户所有。征收集体所有的林地，要依法足额支付林地补偿费、安置补助费、地上附着物和林木的补偿费等费用，安排被征林地农民的社会保障费用。"

经政府划定为公益林的，要落实森林生态效益补偿政策。补助平均标准为每年每亩 5 元。值得一提的是，森林生态效益补偿的对象是林权主体，政府建立的管护组织是履行政府职能，管护经费应列入财政预算。

在改革中，要坚持统筹兼顾各方利益，确保农民得实惠、生态受保护。首先要保证农民的利益，确保农民在林地林木产权的初始分配上、林业生产经营的利益分配上得"大头"；同时要兼顾集体的利益，集体可以保留少量林地，也可以收取少量林地使用费，还可以通过提供社会化服务、多渠道盘活各种林业资源，来分享林业发展的收益。既要确保农民得实惠，又要确保生态受保护，不能以资源的过量消耗为代价，更不能以破坏生态为代价，这是改革必须坚守的一条底线。

三、农村林地保护与开发

随着人类社会的发展，林地面积在不断减少。这就意味着人类的生存环境在不断恶化。实践证明发展森林的重要性，而森林以林地为基础。林地的合理保护和利用，将有利于林业的可持续发展，也有利于农业的可持续发展，还有利于提高人类生存环境的品质，对于整个地球的生命系统的维系，都具有重要而深远的意义。

我国林地资源正面临着严峻的问题。国家林业局局长贾治邦2007年11月13日说，当前我国林地资源保护管理形势十分严峻，必须采取最为严格的措施，加强对林地的保护管理，形成“总量控制、定额管理、合理供地、节约用地、占补平衡”的林地管理机制。

根据第六次全国森林资源清查，每年被征占用或改变用途的林地达到3000多万亩，其中转变为非林地的有1100多万亩，同比增长24％。特别是随着国家对耕地保护力度的加大，一些不合理的占地项目开始转向林地，2006年违法占地案件造成的林地损失同比增长了近两倍。

贾治邦在北京召开的全国森林资源管理工作会议上说，为严格控制各种建设项目使用林地的数量，国家林业局即将出台全国征占用林地的定额指标。今后对超出定额的地方将一律不再审核审批各类建设项目用地。

贾治邦提出，按照中央确定，到2050年森林覆盖率达到并稳定在26％以上的发展目标，届时全国林地最低保有量要达到46.5亿亩，这是我国林地资源的“红线”。各地要以此为依据，相应确定出本地区林地资源的最低保有量，并采取强有力的措施，守住这条“红线”。

除征占用林地外，农村还存在毁林开荒的现象。农村税费改革之后，农民种地不再有负担，农民开始大片地种植庄稼，为了经济利益，甚至毁林种地，使得林地资源进一步减少。

针对这一问题，全国各地纷纷出台具体的林地保护管理条例，希望依法对林地资源进行保护，制止违法占用林地行为，杜绝林地非法流失，实现林地资源的有效保护。

林地保护不能单纯针对杜绝各种占用和毁坏林地方面，应该从根源抓起，通过提高林地经营效益，用市场的规则来保护林地，是最有效的保护方法。林地的经济价值增加了，现有林地不仅能够得到保护，而且会出现逐年增长的趋势。

传统的思想认识，把木材当做林地的唯一产出，这就限制了人们的发展思路。因此才出现了毁林开荒，生态环境破坏的结果。林地上的各种资源都可以利用，因为，林地有自己的生态系统，上面有林木和清新的有益健康的空气；林中有各种动物；地上有丰富的野生植物；土壤中有各种微生物；地下有资源等。基于这些资源，林地上可以发展很多产业：如旅游业、种植业、饲养业、矿业、野生植物采摘业、适度房地产业、林区运输业、社会服务业等。

林地开发必须遵循林地生态系统的规律，在不破坏林木和林地环境的同时，开发其经济价值。林地开发有以下几种模式：

一是林下资源的开发利用。打破以往林地只出木材的思维，林中有更多的资源能够产生价值。在不破坏林木的基础上，利用林地特有的生物体系，种植各种有价值的植物，采集各种野生植物。但是，野生植物资源是有限的，在人们高强度采集下，会面临灭绝的危险。因此，野生植物也可通过人工辅助的方式，在农户承包的林地里，利用林地天然条件，实施种植；林地土壤中有很多微生物，可供利用，可以发展菌类种植或野生菌类种植；也可以在林地中进行种植和养殖并举的尝试，动物的排泄物又能增强土壤的肥力，对于种植植物及林木的生长都是很好的肥料。关于林下资源的开发，将在第四章详述。

二是林区房地产的开发。在国外，有很多居民是住在郊外的，房屋四周，林阴环绕，鸟语花香，空气清新宜人。在我国，普遍的观念是在城市居住，在城市买房。城市拥挤的闹市、噪音、污浊的空气等让人身心疲惫。林区环境宜人，空气中有很好的保健疗养作用。在林区开发房地产，也是一个较好的举措。应充分利用市场规律，防止林区房地产的无序开发。

三是森林旅游业开发。在林区范围，有很多值得欣赏的景观、植物、动物，还有清新宜人的空气，还有特殊的地势条件，开发森林旅游业是林业可持续发展的较好的途径。可以不破坏资源，就能获得较高的收益。森林旅游可以分为很多种，休闲养身旅游，可以让游客在林区居住一段时间，这样也能创收；森林景观旅游，可以针对森林中出现的特殊景观开发专门的旅游线路，依此吸引游客；森林体验旅游，可以提供很多珍奇物种的种植和养殖体验基地，供感兴趣的游客亲身体验；森林冒险旅游，有个别地方可以利用地势的险峻或者森林迷宫的特点，供冒险爱好者体验，但是必须保障安全。旅游业是国际社会倡导发展的新产业，是绿色产业，在为人们提供各种旅游服务的基础上，获取经济收益，但是对环境和能源几乎没有影响。

四是林区运输和社会服务业开发。基于木材运输和上面产业的开发，需要配套行业的支持，因此，林区运输业的发展是必需的。此外社会服务业，比如餐饮业、商品零售业、酒店业、娱乐业等都能发展起来，但是林区发展社会服务业，不同于城市，需要遵守环境原则，每个单位都必须有过硬的环保意识。

五是开荒宜林。目前我国林地面积虽然有所增加，但在很多农村，林地比较少，村庄房前屋后有树，其他地方并没有太多树。出现这种现象的原因，大多是因为村民没有意识到种树的重要性。有的为了获得一定的现金收入，将树木砍伐殆尽，对农村生态环境造成了很大的影响，致使局部地区干旱，大风天气增多，水分加速蒸发，昼夜温差加大等现象屡见不鲜。这和农村林木较少有很大关系。因此，为了促进农村发展，将宜林荒山开发成林地，既能改善农村的生态环境，又能形成林业产业，为农村发掘一个新的经济增长点，为后代的生存创造适宜的环境。

以上几种模式，都坚持环保原则，促进林地经营的可持续发展。尤其是集体林地实施了农户承包经营之后，引导农户合理开发林地资源，也是解决农村发展问题的一个较好的途径，在获得经济效益的同时，使农民认识到生态环境的重要性。林地是土地，但是用做其他用途的效益，远不如经营林业合理有效。

第三章 农村林木管理

农村与森林有着密切的联系。农村是弱势单位，大多数偏远山区存在着不同程度的贫困，其原因很多。农村贫困是我国大部分地区突出的问题。因此而导致的毁林种田、乱砍滥伐、过度放牧等，使森林资源迅速减少，生态环境恶化，大面积土地沙化、水土流失、旱涝灾害、农业减产等现象随处可见。严重阻碍了农村经济的发展，影响人们的生产和生活。农村贫困与生态问题有着密切的关系。而在农村生态系统中，只有把林业纳入乡村整体发展规划中，大力植树造林，发展林业，才能维持农村乃至整个生态系统的平衡。林业是维护生态系统的基础，保护生态是解决农村贫困问题的最直接有效的途径。因此，在社会主义新农村建设中，林业具有重要的地位和作用。

中共中央、国务院关于加快林业发展的两个《决定》中指出："在实施可持续发展战略中，要赋予林业以重要地位；在生态建设中，要赋予林业以首要地位；在西部大开发中，要赋予林业以基础地位。"这说明了政府对林业的重视，将林业放在一个长远发展的战略地位，林业在生态系统中的地位，得到了国家的认可。

众所周知，农业是国民经济的基础，林业是大农业中一个重要组成部分，新农村建设需要发展林业来拓宽农民的收入来源，需要发展林业来建设优美自然的农村生态环境。农村生态环境的好坏还关系到农业生产环境，决定了农业种植收入的多少。因此，林木在人类的生存空间里，发挥着不可代替的作用。

林业在农业和农村中的作用毋庸置疑，但是，农村林木资源却一直未被农村重视。在我国很多农村，年年植树不见树活，已成不争的现实。其中既有栽树质量不达标，树木成活率低的问题，又有栽后管理不到位，被人为地损坏或被牲畜糟踏，致使幼树难以成活的问题。此外，由于村集体林的管护工作者的工资待遇低，管护缺乏积极性，使得林木管护缺乏力度，造成集体林木不同程度的毁坏或树木丢失的现象，加剧了林木资源的减少。

还有些村民自家田埂上或地边栽有树木，为了不影响庄稼生长，便有意放火，挖树根，将树木折磨致死。有的村民盖房子、做家具认为自己栽的树木自己用，不管其林木的采伐权属，也不报批树木砍伐手续，自作主张地将自栽的树木随意砍伐。有的村民自家无树可砍，便在夜间偷偷砍伐集体的树木，村干部怕得罪人，也不敢从严查处，从而在村民中形成了“你偷我也偷”法不责众的现状，使林木遭到严重毁坏。使得在农村发展林业面临着被蚕食的问题。

农村生态环境很脆弱，农民的生态环境意识也比较薄弱，农民认识不到环境的破坏会造成多大的影响，他们只能顾及自己目前的生活、生存问题。因此，在农村搞林木资源保护管理是一项困难重重的任务。但是保护好林木资源对于维护自然生态环境，保持干旱地区蓄水和防止山场水土流失，保持生态平衡，保证农村经济增长都具有十分重要的意义。

一、农村林木的范畴

林木资源是一个广泛的概念，这一章内容主要说各种林木，并不涉及与林木相关的其他资源。按照国家对林木资源的分类，主要包括用材林、防护林、经济林、薪炭林、特种用途林等。农村林木不仅包括我们知道的四旁树和农民的自留山上的树木以及农民自己经营的经济林，还包括在农村区域范围内的不同权属的各种用途的林木。这些林木并不因为权属不属于农村而和农村没有任何关系，农村的各项活动都有可能对周边的林木造成影响。因此本章涉及的农村林木是在农村区域内的各种用途的林木，即包括用材林、防护林、经济林、薪炭林、特种用途林等。不同用途的林木其意义不同，因此管理方式，管理目的就会不同。

二、用材林

（一）我国用材林发展现状

中国是世界上木材及木制品的生产大国，同时也是消费大国。加入世贸组织以后，中国农业将受到一定的冲击。与粮食生产相比，发展用材林具有较高的生态效益、社会效益和经济效益。我国实行天然林禁伐的保护政策后，国家每年都要用100多亿美元从国外进口高档胶板材和纸浆材，再加上与西部大开发配套而实行的西部生态环境整治、2008年绿色奥运、绿色通道长廊建设等一系列林业生态工程的启动等因素，使得以杨树为主体的速生丰产用材林和一些优质的园林绿化树种有了广阔的发展空间。但是目前我国的林木资源情况不是很理想，尽管森林面积和森林蓄积居世界前列，但是人均占有森林（木材）资源很少，且分布不均、质量不高、经营管理水平低。国家天然林保护工程实施规划到2010年对规划的9500万公顷天然林（大都是国营）实现完全保护，同时鼓励私人大量投资造林。人工育苗、造林有了较好的发展。

我国现有人工林4666.69万公顷，占有林地总面积的30.38%。其中：国有581.19万公顷，占12.45%；集体3785.50万公顷，占81.12%。按林种分，人工林中用材林2415.08万公顷，占51.7%。我国人工用材林具有如下特点：（1）面积大。全国现有人工用材林2415万公顷。占人工林的一半以上，而且呈逐年增长势头。（2）中幼林面积比重大。全国人工用材林的中幼龄林面积占85%，近成过熟林只占15%，这说明改革开放以来，我国人工用材林造林面积加大，中幼龄林多，也说明10年以后的人工用材林的潜力很大。

(3) 单位面积蓄积量和生长量低。全国人工用材林平均每公顷蓄积量只有 34.6 立方米，每公顷年生长量只有 4.16 立方米，分别为国外林业先进国家的 15%、20%，木材产量只达到国外产量的 17%。这说明我国人工用材林的林分质量普遍不高。

此外，从森林资源按林区分布来看，资源分布不尽合理，主要分布在天然林保护工程区，南方集体林区（东南低山丘陵林区）森林面积 5358.48 万公顷，占我国现有森林面积的 30.64%，森林蓄积 210297.51 万立方米，占全国森林总蓄积量的 16.85%，却承担起国内木材供给的主要角色。这种分布结构是不合理的，木材供应不仅受区域的限制，南方集体林的木材供给压力比较大，不利于用材林长远发展，而其他地区，用材林比较少，不利于地方社会、生态、经济效益的和谐统一。

我国林地所有权制度实行林地公有制，分为国有林地和集体林地。森林面积按土地权属划分，国有 7334.33 万公顷，占 42.45%；集体 9944.37 万公顷，占 57.55%。林木权属按“谁造谁有”原则，形式多样化，森林面积按林木权属划分，国有 7284.98 万公顷，占 42.16%；集体 6483.58 万公顷，占 37.52%；个体 3510.14 万公顷，占 20.32%。从这一组数据我们可以看出，国有林按照土地权属和林木权属划分所占比例几乎相同，而集体林按照土地权属划分占 57.55%，而按照林木权属划分，仅占 37.52%，还有一个比较大的比例是个体营林者，占到 20.32%。说明私人营林在增加，而且是在集体林部分。在现有未成林造林地中个体比例达 41.14%，非公有制林业发展迅猛。所有制形式和投资结构开始趋向多元化。个体造林，基本上是速生丰产用材林，意味着我国个体造林将成为木材供给的主体。

（二）农村用材林经营管理

农村用材林主要是集体用材林和农民自留山用材林两部分，农村用材林的经营管理与大范围的人工用材林经营管理基本相似。

我国人工用材林的经营方式主要有两种，即私营林和公司林。首先要明确的是，从土地制度方面来讲，我国目前还不具备真正意义的私有林，由于林地产权的限制，充其量只能算作私有成分参与人工林的经营。但本书中将私有成分造林形成的人工林称为私营林，主要指农户分户经营和公司租地经营两种方式形成的私营林和公司林。

我国私营林采用分户经营方式。分户经营是指在山区、林区贯彻执行林业“三定”政策，给农户按人口并照顾到劳动力划分了自留山，一般每人平均0.1～0.3公顷，荒山荒地多的地方也有达到1公顷的，有不少地方，把按劳力自愿承包的责任山也实行了平均划分到户经营，即“两山并一山，统称自留山”，从而使农户家庭经营的山林面积有了较大幅度的增加。通常按照农户经营山林面积的大小，投入劳动的多少，林业收入占家庭收入的比重等因素，划分为林业兼营户、重点户、专业户。

分户经营的私营林，农户一般只从事人工用材林的培育，很少涉及木材加工环节，采伐的木材由木材经销商收购。分户经营由于拥有的森林面积小，在劳动力、资金和技术方面也不具有优势，因此，农户为了提高经营林地的效益，自发地组织起来，形成了各种合作组织，通过合作组织统一经营人工林。如江西省安远县高云乡圩岗村龙桐石股份制林业庄园、江西省安远县孔田镇新圹村李端山庄园、上魏村宣快庄园等，江西省永修县京发林业合作社。截至2004年底，浙江省有农村专业合作社1789个，其中林业专业合作社152个，占8.5%；有农民专业协会1019个，其中林业专业协会105个，占10.3%。到2003年底，湖南省共有部门扶持创办的农民专业合作组织3886个，其中林业部门扶持创办的有483个，占12.4%。中国农村专业技术协会的统计资料显示，2003年全国共有专业技术协会 92324 个，其中林果专业的技术协会 15852 个，占 17.17%。到 2006 年，福建省已成立各类林业经济合作组织 2400 多家。但是，这些合作组织中，多数以提供技术服务为主，以经营人工林为主的少，因此从组织数量到规模再到服务范围、项目等都远远满足不了农民的需要。

我国公司林伴随着南方集体林权制度改革应运而生。从目前实际运行情况来看，大型林产工业企业，尤其是以生产人造板和制浆造纸为代表的林产工业企业，采用林工贸一体化经营人工用材林。经营方式主要有：（1）完全一体化，即企业投资租地造林；（2）准一体化，即企业与企业所在地农户组成“公司＋农户”模式造林；（3）锥形一体化，即前两种方式的结合。如大亚木业（江西）有限公司、江西省罗宾有限公司、江西赣州金太阳科技林业有限公司和福建省永安林业股份有限公司等。

可见，农村发展用材林是响应国际国内市场需求，是调整农村产业结构和增加农民收入的重要途径。但是农村用材林经营需要政府、企业、相关服务部门的指导，根据各种产业化经营模式，因地制宜地加强农村用材林产业的发展。

2008 年，我国提出了全面推进集体林权制度改革的《意见》，在坚持集体林地所有权不变的前提下，依法将林地承包经营权和林木所有权，通过家庭承包方式落实到本集体经济组织的农户，确立农民作为林地承包经营权人的主体地位。林地的承包期为 70 年，承包期满，可以按照国家有关规定继续承包。这样既有利于集体林业的发展，也有利于农民的致富。这样一个政策，农民可以按人头平均承包林地，林地成为农民真真实实的生产资料，农村发展用材林的可能性就会增大。对于很多农民，发展用材林是非常生疏的事情，需要各方援助将用材林产业链建立起来，以促进农民增收，生态改善，社会和谐。

农村用材林经营管理需要做到如下几点：

一是林业产权制度的明晰。农民承包林地经营用材林，其中不可避免会发生各种利益纠纷，政府在出台《意见》的同时，要注意相关法律条文的出台，这样将林业产权明晰化，使农民行使各种权利时有法可依。

二是政府在农村用材林经营管理方面要进行引导。农村在市场经济中始终处于弱势地位，由于各种知识的缺乏和对外界消息掌握不足，农民很容易遭受损失或者利益侵犯。另外，大部分农民有从众心理，人云亦云，因此会出现盲目经营的局面。政府应在农村用材林经营管理的方法、产业链建设、种植树种等方面进行宏观引导，以免出现损害农民利益的事情。

三是林业社会服务体系要健全。林业社会服务体系需要为经营人工用材林的农户提供专业化的系列服务。要在积极推动企业开展专业化系列服务的同时，充分挖掘现有的服务资源，发展和完善社会化服务组织，促进社会化服务体系与人工用材林产业链化经营组织的对接，确保企业把主要精力放在产品开发和市场开拓上，确保农户享受到完善的服务。

（三）用材林发展案例

1. “走这条路，我义无反顾”——访太湖镇用材林种植大户孙国平

近年，在市委市政府对农业八大产业的政策扶持下，林业产业化也得到了迅猛的发展，特别是山核桃、毛竹产业呈现出一派繁荣景象。但就在这种形势下，我却遇见了一位以营造用材林为主的个体大户，他就是太湖源镇一家木材加工企业老板——孙国平。

“种下用材林，就好像为自己投了巨大的绿色保险，仔细算算，种用材林挺划算的”，这是我和他交谈中他说的最多的一句话。孙国平分析道：随着我国经济的快速发展，木材需求量不断加大，国内

木材采伐量根本无法满足需求；同时，随着我们生存环境的不断恶劣，人们生态意识的不断提高，今后，生态公益林的建设必将进一步得到发展和完善，木材的采伐量势必得到进一步的遏制，木材行情肯定看好。并且，这几年来自己已经通过流转承包了1000余亩的杉木林，现在看起来已经是稳赚不赔了。

接着他又算了一笔账：现在种一亩用材林（以湿地松为例），苗木只需30元，整地和种植一起只需150元左右的人工费用，再加上今后几年的抚育，培养一亩用材林除了山地承包费外也只需300多元，成本相对还较低，管理也能跟上，将来就不愁自己的木材加工厂陷入无原材料加工的窘境。最后他开玩笑地说："即便今后不办小木厂，也可尝尝木材供应商的滋味。"

创业是艰辛的，也是快乐的。据孙国平回忆：从2月下旬开始，从负责整理山地到调运苗木、人员安排直至技术上的跟踪都由他一个人唱主角，每天早上6点钟前起床一直到后半夜才能睡觉。到目前为止，通过其独资或合资形式已经完成了11万株、计700余亩国外松林的种植，待余下的2万株苗木种好后就将完成自己在2005年内的种植目标了。为了证实他的介绍，笔者特别邀请了市林业局绿化科徐渭南科长、玲珑林业站邱炳生站长等人员一起到实地进行了踏看。在他的带领下，我们一起来到了太湖源金岫村种植现场。等我们来到目的地，我们惊呆了，像这种大规模的造林现场已是多年来未见了。偌大的一处山湾，除了成林的杉树林外，其余近两百亩的山地上都已被排列规则有序的国外松占据了，昔日冷清的山湾也被几十名种树工人搅得热闹非凡。在得知已种下的树苗达到了技术要求后，孙国平开心地笑了。

在返回途中，孙国平又谈起了今后的打算。他说："种用材林是自己多年前就有的想法，今天终于开了个头，今后，再想办法去多承包一些山地，继续以营造国外松、杉木为主的用材林基地。"

告别时，从他微笑的脸上仿佛看到了身后这片幼苗已经变得郁郁葱葱、高耸入云了。

2. 农民增收快富的好途径——发展速生丰产用材林

咸阳部林植物院与上海禾阳生物科技发展有限公司合作的速生丰产用材林基地建设项目，选择种植的是中国林科院培育的生长最快的速生杨——“中林美荷杨”。该项目由上海禾阳生物科技发展有限公司负责投入造林良种苗木、肥料、农药、劳务费及林木采伐，并回购全部林木；咸阳部林植物院负责日常生产管理的技术指导、培训等。营林户负责提供土地、任务及日常看护，包括栽植、松土、除草、追肥、浇水、病虫害防治、修枝等。树木成材后，上海禾阳公司以每立方米 400 元的最低保护价收购木材（市场价高于 400 元时按市场价收购），其中木材收入的 30％归公司所有，70％归营林户所有。目前，该公司拟在渭城区高干渠、渭河滩两侧、坡台地、沙滩、滩涂等非基本农田建设 2000 亩杨树丰产林基地。

据了解，在甘肃、山东威海等地已成功发展了较大规模的速生丰产用材林基地，企业和经营户均取得较好的收益。发展杨树丰产用材林成本低，效益高。按 6 年为一个轮伐期，6 年后成林砍伐，每亩能生产 12 立方米～15 立方米木材，按最低保护价 400 元/立方米，收入 4800 元～6000 元，70％归营林户为 3360 元～4200 元，加工枝材每亩 5000 公斤，能收入 1000 元（0.2 元/公斤），实际营林户收入为 4360 元～5200 元，每亩年平均收入 727 元～867 元。按目前市场平均价 500 元/立方米计算，则每亩年平均收入 867 元～1041 元。并且，第 1 年～4 年林下可以间作种植粮、油、菜、姜、蒜等作物，每年每亩收入在 200 元～400 元左右，林分郁闭后，可利用遮阴条件，种植耐阴的药材、牧草、食用菌、苗木等，收入可在 1000 元左右。根据林业部门测算，每亩杨树每年投入在 100 元左右，投入和产出的比例 1∶8.9。而种植小麦每亩年投入 204 元（包括化肥、农药、用工等），产出小麦600斤，亩产值300元，投入与产出比为1∶1.5，每亩纯利润95元左右，种植玉米每亩年投入386元，产出玉米800斤，亩产值480元，投入与产出比为1∶1.2，每亩纯利润93元。按小麦、玉米两季计算，每亩年投入共591元、产值780元，投入产出比为1∶1.3左右，每亩年利润188元。通过比较，杨树丰产林的年投入仅占两季田的16%左右，亩利润却是两季田的6倍多，经济效益非常可观。

发展杨树丰产用材林不仅可以迅速改善生态环境，遏制水土流失，而且还可以缓解资源短缺，提供牲畜饲料，促进畜牧业发展。该项目投入少、管理简单、效益高，各地可根据实际，将此项目作为农民增收的重要途径加以推广，组织农民发展杨树丰产用材林，切实增加农民收入。

通过上面的例子，可以看出在国家出台关于集体林改革的《意见》后，加大了农民经营用材林的可能性。用材林效益高，市场前景好，我们可以出现更多的孙国平。发展用材林的同时，要结合林下经济发展模式，以短养长，使农民年年有回报，年年都增收，最终过上富裕的生活，同时也实现了社会效益、经济效益、生态效益的有机统一。

三、防护林

（一）防护林的生态意义

森林是陆地生态系统的主体，关系到全球生态环境、人类的生存与发展，是实现改善环境与发展经济的纽带。人类产生时，就与森林有着密切的关系，人类从中获取食物、在其中栖息，并且从中发现了火。随着人类文明的发展，人类对森林的利用也不断增加，需求在增多，因此而造成了森林资源的锐减，森林植被被破坏，生态环境日益恶化，以土地退化、生态失调、植被破坏为主要特征的环境问题，呈现出加速发展的趋势，特别是洪涝、干旱、泥石流、沙尘暴等自然灾害频繁发生。各种灾害的深刻教训使人们认识到生态危机的严峻性，认识到重建有利于人类生存和发展的环境保障体系的重要性，也认识到人类对森林的需求不仅局限于经济利益，更重要的是生态效益，由此而引来的和谐的社会效益。因此，扭转生态系统的恶性循环，消除自然灾害的严重威胁，关键问题是修复并重建以林草为主的生态系统。为此，生态工程扮演着重要的角色。生态工程包括多种类型，林业生态工程是其中一种。林业生态工程适应生态环境建设的需求，被世界各国所采纳。其中防护林就是为了满足生态环境恢复和建设而被逐步纳入农业生态系统中来的重要的森林因素，是农业生产的一项重要基础工程，对于维护生态平衡、减少自然灾害、保障和促进农业生产具有重要的意义。可改变防护区的小气候环境，保护土壤免受风蚀，减轻旱涝灾害，并为野生动物提供适宜的栖息环境。一般而言，“防护林工程”或“防护林体系建设”可以认为是林业生态工程的同义词或者是主体。防护林是利用森林能够影响环境的生态功能，保护生态脆弱地区的土壤、农牧业生产、各种设施和人居环境等免遭自然灾害的威胁和危害，而专门培育的森林类型。实践中，符合上述定义的防护林又因防御对象（自然灾害及不利因素的差异），以及保护对象（土地资源与利用方式的差异）而呈现出多种类型。防护林在参与生物地球化学循环的过程中，通过与土壤、大气、水源在多界面、多层次上进行物质与能量的交换，改变和影响区域气候、土壤、水资源分布，调节气候、涵养水源、保持水土、防风固沙、抵御自然灾害，在维护自然生态环境中具有不可替代的作用，是区域生态环境的屏障。

（二）防护林及其分类

防护林是利用森林能够影响环境的生态功能，保护生态脆弱地区的土地资源、农牧业生产、各种设施和人类生活环境等，避免遭受或者减轻自然灾害及不利于环境的因素的威胁和危害，而专门培育的森林类型。

防护林的分类在国际上没有一个统一的标准和公认的分类体系。不同国家，其自然、经济特点不同，因而，其防护林类型体系也各有特点。比如，前苏联有学者把防护林归纳为6类14种，构成一个三级防护林分类系统。其一为森林改良土壤林（即防护林）；其二为依照保护对象——土地资源与利用方式而确定的类型；其三为林种，其划分的标准除少数是按经营的目的外，其余仍按保护对象的属性分类。日本将防护林分为17种：水源涵养林、水土保持林、塌方防护林、飞沙防护林、防风林、洪水灾害防护林、防潮林、干旱防护林、防雪林、防雾、雪崩防护林、防止落石防护林、防火林、渔业防护林、航标防护林、保健林、风景林。关君蔚在20世纪70年代总结提出了中国防护林体系构成图，其实际上也是三级分类体系。在一级防护林体系之下为二级系统，包括风旱防护林、沙地防护林、水土保持林和环境保护林及其他专用林种等，其4个二级专用林种体系，以下又设了22个三级林种。我国防护林体系体现了对22个三级林种在防护目的上的归类，反映了我国生态问题的特点。比如，风沙干旱、水土流失、环境污染及其他环境安全问题的实际，最终归为干旱风沙防护林体系、水土保持林体系和环境保护林体系。但这三种体系在小林种上有很大的交叉和重复，它有助于对三级林种本质的认识，也就是防护目的的共性。

（三）我国防护林工程

“十五”期间，中国防护林建设进一步加快，防护林体系构架基本完成。“十一五”期间，中国将继续加大建设力度，突出工程特色，强化重点区域，建设一批比较完备的区域性森林生态体系。

长江流域等重点地区防护林体系建设工程，包括长江流域、珠江流域和沿海防护林体系建设工程，以及太行山绿化工程和平原绿化工程等 5 个防护林体系建设工程。工程建设范围包括 31 个省（区、市）的 1500 多个县（市、区、旗），是中国启动实施较早的林业重点工程。这样我国防护林体系将成为比较完善的体系：三北防护林体系、长江流域防护林体系、珠江流域防护林体系、沿海防护林体系、太行山绿化工程和平原绿化工程。

1. 三北防护林

三北防护林是我国建设生态屏障的重要工程。以下引用 2008 年 11 月国家林业局发布的一篇关于中国三北防护林建设三十年的文章《中国的三北防护林体系建设三十年（1978～2008）》来介绍三北防护林，其主要内容如下：

三北工程是改造自然的伟大壮举，是一项荫及子孙、造福人类的伟大事业，30 年的建设成就，有效拓展了人们生存发展空间，奠定了中华民族经济社会全面振兴和可持续发展的生态基础；30 年的建设实践，开辟了建设区增收的新渠道，促进了区域经济发展和农民致富奔小康。30 年的建设历程，推进了人类文明进步，铸就的“三北精神”已经深深融入新时期社会主义核心价值体系，成为中华民族传统美德的升华，为人类创造了不朽的精神财富。30 年的实践证明，党中央、国务院做出的建设三北防护林体系的战略决策是完全正确的，十分英明的，顺乎民心、合乎民意；30 年的实践也证明，人们在恶劣的生态环境面前，并不是无能为力，也不是无所作为的。只要我们遵循自然规律，坚持科学的态度，发扬自力更生、艰苦奋斗的精神，恶劣的生态环境是可以治理的，穷山恶水的面貌是可以改变的。

1978 年 11 月 25 日，中国政府从中华民族生存和发展的战略出发，作出了在我国风沙危害和水土流失严重的西北、华北、东北地区建设三北防护林体系（以下简称三北工程）的重大战略决策。

根据总体规划，三北工程建设范围西起新疆维吾尔自治区的乌孜别里山口，东至黑龙江省宾县，东西长4480公里，南北宽560公里～1460公里。包括北京、天津、河北、山西、内蒙古、辽宁、吉林、黑龙江、陕西、甘肃、宁夏、青海、新疆13个省（自治区、直辖市）的551个县（旗、市、区），建设总面积406.9万平方公里，占我国陆地总面积的42.4%。三北工程从1978年开始到2050年结束，建设期限为73年，分3个阶段八期工程进行建设。主要目标是森林覆盖率由5%提高到15%；平原、绿洲农田全部实现林网化；大部分水土流失侵蚀模数降低到轻度以下；沙地和沙化土地得到有效治理，沙漠面积不再扩大；风沙危害和水土流失得到有效控制，生态环境和人民群众的生产生活条件从根本上得到改善。

通过30年建设，三北工程建设取得了重大阶段性成果，完成造林保存面积2446.9万公顷，森林覆盖率由工程建设前的5.05%提高到10.51%，区域生态环境发生了显著变化。

第一，建设背景。建设三北工程是改善生态环境，减少自然灾害，维护生存空间的战略需要。三北地区分布着我国的八大沙漠、四大沙地和广袤的戈壁，总面积达148万平方公里，约占全国风沙化土地面积的85%，形成了东起黑龙江西至新疆的万里风沙线。这一地区风蚀沙埋严重，沙尘暴频繁。从上世纪60年代初到70年代末的近20年间，有667万公顷土地沙漠化，有1300多万公顷农田遭受风沙危害，粮食产量低而不稳，有1000多万公顷草场由于沙化、盐渍化，牧草严重退化，有数以百计的水库变成沙库。据调查，三北地区在上世纪50～60年代，沙漠化土地每年扩展1560平方公里；70～80年代初，沙漠化土地每年扩展2100平方公里。

三北地区大部分地方年降水量不足400毫米，干旱等自然灾害十分严重。三北地区水土流失面积达55.4万平方公里（水蚀面积），黄土高原的水土流失尤为严重，每年每平方公里流失土壤万吨以上，相当于刮去1厘米厚的表土，黄河每年流经三门峡16亿吨泥沙，使黄河下游河床平均每年淤沙 4 亿立方米，下游部分地段河床高出地面 10 米，成为地上“悬河”，母亲河成了中华民族的心腹之患。

干旱、风沙危害和水土流失导致的生态灾难，严重制约着三北地区经济和社会的发展，使各族人民长期处于贫穷落后的境地，对中华民族的生存和发展构成严峻挑战。建设三北工程不仅对改善三北地区生态环境起着决定性的作用，而且对改善全国生态环境也有举足轻重的作用。

建设三北工程是实现民族团结，巩固国防，实现各民族共同繁荣的战略需要。三北地区是我国多民族聚居区，聚居着汉、回、蒙、满、维吾尔、哈萨克、鄂伦春、塔吉克等 22 个民族，总人口 1.67 亿。

三北地区战略地位突出，有我国重要的国防基地。工程区横跨我国北方半壁河山，同俄罗斯、蒙古等十多个国家接壤，国境线长达 7000 公里。三北地区有许多革命老区，由于生态条件恶劣，经济发展缓慢，群众生活困难。建设三北工程不仅对增强民族团结，实现各民族共同繁荣有着重要意义，而且对维护国家安全，巩固国防建设起着积极的作用。

建设三北工程是促进区域经济发展，加快农民脱贫致富，实现经济社会可持续发展的战略需要。三北地区地域辽阔，光热资源充足，物种资源多样，矿产资源丰富。人均农地、草地均高于全国平均水平，是我国重要的畜牧业基地和极具开发潜力的农业区；已经发现的矿产有 170 多种，约占全国的 70%，其中有多种矿产在全国乃至全世界都占有明显的优势，是我国重要的能源、冶金、重化工基地。

三北地区植被稀少，农村木料、燃料、肥料、饲料俱缺，农业生产低而不稳，农村经济发展缓慢，人民生活水平低下。三北地区恶劣的生态环境严重地制约了区域社会经济发展，影响了农民脱贫致富。建设三北工程不仅对促进当地的经济社会发展，早日实现农民脱贫致富具有非常重要的现实意义，而且对促进我国国民经济社会可持续发展具有战略意义。

建设三北工程是改善三北地区生态环境、解决生态灾难的根本措施。三北地区在农田保护、水土保持、防风固沙等方面进行了广泛的探索，积累了一定的经验，不少地方取得了较好的效果。工程建设前，三北风沙区造林保存面积达 187 万公顷，黄土高原水土流失区造林保存面积达 140 万公顷，为大规模进行沙害、水患治理积累了经验。实践证明“治水之本在于治山，治山之要在于兴林”是符合客观规律的，植树种草是解决生态灾难的根本措施，生态灾难只能用改善生态的办法来治理。

第二，建设历程。建设三北防护林体系是老一辈无产阶级革命家的夙愿。早在 1964 年，周恩来总理就林业发展作出重要批示：“林业要以营林为基础。造林要把重点放在水土流失、风沙危害严重的地区，有阵地、有重点、有步骤地前进。”根据周总理的指示精神，林业部组织干部深入沙区、山区调研。在“文革”前夕形成了在我国西北、华北、东北西部干旱、风沙危害、水土流失地带建设大型防护林工程的构想。十年动乱，构想搁置。1978 年初，一些专家学者提出了《关于在我国北方地区建设大型防护林带的建议》，邓小平同志和国务院几位领导很快作出重要批示。国家林业总局迅速组织干部开展调查研究。在此基础上，编制了三北防护林体系建设规划。1978 年 11 月 25 日国务院以国发［1978］244 号文件批转了《国家林业总局关于西北、华北、东北风沙危害和水土流失重点地区建设大型防护林的规划》。同时，国务院相继成立了三北防护林建设领导小组，组建了三北防护林建设局。从此，揭开了我国大规模生态建设的序幕。

30 年来，工程建设始终坚持生态建设的主导目标不动摇，并且伴随社会发展变化进行适应性调整。

思路调整 三北工程建设之初，为了从根本上改变三北地区生态面貌，改善人们的生存条件，促进农牧业稳产高产，维护粮食安全，把农田防护林作为工程建设的首要任务，集中力量建设以平原农区的防护林体系。二期工程，随着经济体制的改革与深化，为进一步调动群众投身工程建设的积极性与主动性，工程建设提出了建设生态经济型防护林体系的指导思想。使生态治理与经济发展相协调，生态建设与群众脱贫致富相统一，改变单一生态型防护林建设模式，做到农林牧、土水林、带片网、乔灌草、多林种、多树种、林工商七个结合，使防护林体系达到结构稳定、功能完善，生态、经济、社会效益有机结合。三期工程，从三北地区的实际出发，按照先易后难，先急后缓，由近及远，突出重点的方针，在三北农牧业生产迫切需要、自然条件较好的地区，选定一批党政领导重视、基础工作扎实的县旗，进行重点扶持，有计划、有步骤地建成一批区域性防护林体系。提出到 2000 年，在东北西部和内蒙古东部、京津和河北北部、黄土高原、毛乌素沙地、新疆绿洲等地建成一批规模不等的区域性防护林体系。四期工程，根据日益严峻的防沙治沙形势，提出了以防沙治沙为主攻方向。近几年，根据中央关于建设社会主义新农村的战略部署，在工程建设中提出了“建设一个亮点、统筹三大区域”的工程建设思路，开展了新农村建设试点、农防林更新改造和重点农区、重点沙区和水土流失区的高标准防护林建设。

建设重点 三北地区生态脆弱，治理难度大、任务重。建设中，在坚持防沙治沙、水土保持、农田防护林建设三大重点的同时，根据不同时期、不同阶段国民经济和社会发展的重点，突出工程建设主攻方向，明确治理目标、重点与任务，有计划、有重点、有步骤地推进工程建设。一期工程按照因地制宜、因害设防的基本原则，在农牧交错地带的长城沿线紧密结合基本农田和基本草牧场建设，确定了 194 个重点建设县，将 70%的国家专项投资和 70%的建设任务安排到这些重点县，重点开展了以营造农田防护林、牧场防护林、重点地区防风固沙林、水土保持林为主体的防护林建设。二期工程在巩固完善已有农田防护林体系建设的同时，重点安排京津周围绿化工程、京包—包兰铁路两侧等 5 个重点工程，并将山西昕水河流域等确定为生态经济型防护林示范区。三期工程在巩固已有建设成果的基础上，又提出率先在东北三省和京津两市以及西部八省 73 个县建设区域性防护林体系的奋斗目标，把建设以农田防护林为主的区域性防护林体系作为工程建设的重中之重，在计划资金上优先予以保证，在科技推广上重点给予支持，在政策措施上优先予以扶持。四期工程根据国家批复三北工程建设以防沙治沙为重点的基本要求，在工程建设中又把科尔沁、毛乌素、呼伦贝尔、河西走廊、新疆绿洲外围等作为工程建设的重点，将国家下达投资和安排建设任务的 70％以上用于防沙治沙。

第三，政策与行动。30 年来，中国政府非常重视三北工程建设，在组织实施工程建设过程中，推行了一系列行之有效的管理措施和政策措施。

工程管理　在工程建设中，坚持以质量管理为主线，以改革为动力，不断强化工程管理。一是强化组织管理。为了加强工程建设的领导，国务院成立了三北防护林建设领导小组，研究确定工程建设的重大事项。工程建设由国家林业局主管。国家林业局三北防护林建设局具体负责工程的规划、计划、督导、检查。各级林业部门成立工程建设专管机构，或固定专管人员，负责本省区工程建设的组织管理工作，各乡镇林业站负责工程的组织实施工作，形成了从中央到地方，从决策到实施紧密结合的工程管理体系，为工程建设提供了有力的组织保障。并在实施过程中先后制定了工程建设的技术、计划、资金等管理办法、规程和标准，使三北工程建设从种苗准备到检查验收全过程的每一个环节管理都有章可循，推进了工程建设组织管理逐步走上制度化、规范化的轨道。二是加强计划管理。在工程建设中，不断创新工程建设管理机制，积极推行招标制。对一些重点建设项目公开招标，专家评议，民主决策，择优扶持；推行合同制管理，层层签订建设任务合同书，明确项目规模、内容、质量、建设期限及职责，根据任务完成情况兑现国家补助资金，做到任务、资金和责任三落实；推行监理制，加强质量监督；推行检查通报制，对计划执行落实情况定期或不定期进行检查，并将检查结果及时通报。三是严格资金管理。对工程建设资金实行专款、专账、专用，单独管理；定期或不定期对三北工程专项资金的管理和使用情况进行检查，发现问题及时纠正；开展三北专项资金专项审计，杜绝挤占、挪用、改变投向等现象。四是全面推行质量管理。建立技术干部承包责任制，各级林业主管部门的工程技术人员进行现场指导和技术把关，实行技术承包，做到责、权、利相结合；实行质量检查验收制度，对造林质量实行全过程跟踪管理，定期进行多方位的质量评估；建立重点项目通报制度，将重点项目检查验收的结果进行通报。

建设机制　30年来，始终把创新作为推动工程建设的根本动力，在改革中创新，在创新中发展，在发展中提高。一期工程建设期间，试行了经济合同制，实行任务、投资、期限、负责人四落实，用经济手段对工程建设进行管理，有力地促进了工程建设。二期工程期间，在强化各级政府的目标责任制的同时，大力推行工程造林，建设项目按程序立项、按设计施工、按项目投资、按标准检查验收，做到计划与规划衔接，投资与质量、任务挂钩，验收结果与奖惩兑现。三期工程建设期间，进一步强化了各级政府的目标责任制，确定了“五长”（省长、地市长、县市长、乡镇长、村长）工程建设负责制和干部任期绿化目标责任制，坚持每年逐级签订责任状，进一步明确了各级政府主要领导抓工程建设的责任与职责，保证了工程建设的健康发展。四期工程建设期间，建立了目标明确到省、任务分配到省、投资下达到省、责任落实到省的“四到省制度”，增强了各地的积极性、主动性和创造性。各地在工程建设中普遍推行了项目法人制、招投标制、报账制、监理制，提高了工程建设科学管理的水平。

科技支撑　30年来，把科技创新作为提高工程建设质量的关键因素来抓，切实加大科技攻关和适用技术推广工作力度。一是大力开展技术创新。为了突破工程建设造林成活率低、保存率低的技术瓶颈，从三北地区干旱少雨的实际出发，组织科研、教学单位开展科技攻关，推广应用了以抗旱造林技术为主的系列适用技术，使造林成活率提高了23%。同时，在飞机播种造林技术上，突破了年降雨量200毫米以下不宜飞播的“禁区”。二是大力开展推广方式转变。在工程建设中，按照不同类型区，实行由推广单项技术向综合配套技术的转变，组装配套造林、营林、经营等综合技术措施，建设科技试验示范区，探索总结治理模式。先后推广了先进适用技术1200多项，推广面积达到300多万公顷，造林保存率由过去的60%提高到85%以上。同时从工程建设国家专项投资中拿出10%的资金专门用于适用技术的推广，保证了科技推广工作的开展。三是大力开展造林模式创新。在三北地区，按照防沙治沙、水土保持和农田防护林建设的要求，总结推广应用了100多种造林模式。并按照功能布局需要，在三北地区推广了生态防护型、生态经济型、生态景观型防护林建设。

建设政策　30年来，根据不同阶段的社会经济发展情况，工程建设始终以改革为动力，不断调整、改革和完善工程建设的管理体制、营造林机制和投资模式，努力创造有利于工程建设良性发展的经济政策环境。一期工程上马不久，各地结合农村联产承包责任制的落实，大力推行了承包造林、“谁造谁有，允许继承和转让”和

“国家、集体、个人一起上”的政策，促进了造林生产责权利的结合，明晰了产权关系，调动了农民的造林积极性。二期工程期间，随着农村改革的深入，结合农村双层经营体制改革和全民义务植树等政策的实施，推行“两工”（义务工和劳动积累工）造林和“四统一分”（统一规划、统一标准、统一造林、统一验收、分户经营）的统分结合的造林政策，探索了工程建设新的组织形式和利益激励机制，促进了按山系、按流域的规模治理。三期工程期间，随着我国法制的不断建立，生产要素市场的日益发展和农村经济状况的改善，开始推行“四荒”拍卖和股份合作制造林政策，制定、出台了一系列有利于“四荒”拍卖的政策和办法，鼓励不同经济成分主体，充分调动了社会团体和农户投身于工程建设的积极性。四期工程期间，随着发展非公有制林业、林权制度改革等政策措施的实施，把集体林分家到户，国有林家庭承包，明确了林地的使用权，放活了林地经营权，落实了林木的处置权，农民成为了山林的主人，促进了以公有制为主体，多种所有制经济成分并存格局的形成与发展。

种苗工作　三北工程建设始终把种苗工作作为工程建设的第一道生产环节，不断强化种苗的基础地位。一是加强了良种繁育和采种基地建设。先后设立优良灌木采种基地 2.6 万多公顷，建设了樟子松、落叶松、油松等一批种子园和母树林，为工程建设提供了大量优质林木种子。二是建立了以国有场圃为龙头，以乡村苗圃为骨干、以村户育苗为补充的多层次苗木生产体系，为工程建设提供数量充足，品种对路，质量优良的苗木。三是加强了种苗技术推广，大力推广了容器育苗、组培苗、全光育苗等新技术，使育苗水平得到了进一步提高。四是加强骨干苗圃建设，大力推广合同制育苗。在三北地区选择了一批自然条件好，有一定生产规模，有一定基础的乡村苗圃，在资金上给予扶持，定向培育优质苗木。五是加强种苗信息管理和服务工作。建立了三北地区种苗信息网，适时提供种苗供需信息，促进种苗的余缺调剂，保证了种苗与造林衔接。

国际合作 三北工程是伴随我国改革开放启动建设的一项大型林业生态工程，从建设开始就受到了国内外的广泛关注。特别是进入上世纪 90 年代以来，生态环境保护与生态建设呈现出前所未有的全球化发展态势，保护和改善生态环境成为国际政治、经济和社会广泛关注的焦点和热点。截至 2006 年底，三北地区有德国、日本、美国、意大利等 25 个国家和全球环境基金、世界银行、联合国粮农组织、开发计划署等十多个国际组织和社会团体援助的林业或以林业为主体的项目 58 项，援助资金超过 16 亿元人民币，援助领域涉及防治荒漠化、湿地恢复与重建、治理水土流失、林木育种与改良、机械化造林、森林病虫害防治、林业产业开发、科技推广体系建设、森林资源监测管理和信息系统建设等方面。同时，先后有 50 多个国家、地区和国际组织的领导人和技术人员到三北地区考察三北工程建设。

第四，建设成就。30 年来，在党中央、国务院的正确领导下，在有关部门的大力支持和协助下，通过各级党委、政府广泛发动与精心组织，工程建设区广大干部群众发扬自力更生、艰苦奋斗、无私奉献的精神，保证了工程顺利实施。

重点治理区的风沙危害得到有效遏制，沙化土地和沙化程度呈“双降”趋势。在东起黑龙江西至新疆的万里风沙线上，采取封育、飞播、人工造林相结合的办法，营造防风固沙林 561 万公顷，使 27.8 万平方公里沙化土地得到治理，1000 多万公顷严重的沙化、盐碱化草原、牧场得到保护和恢复，重点治理地区的风沙侵害得到有效遏制，沙化土地和沙化程度呈“双降”趋势。据第三次全国荒漠化和沙化监测表明，从 1999 年到 2004 年的 5 年间，陕、甘、宁、蒙、晋、冀等 6 省（区）在全国率先实现了由“沙逼人退”向“人逼沙退”的历史性转变，与 1999 年相比，沙化土地净减少 7921 平方公里。重点治理的毛乌素、科尔沁两大沙地实现了根本性转变，已进入了改造利用沙漠的新阶段。新疆完成造林 274 万公顷，绿洲面积由工程建设前的 4 万多平方公里扩大到 7 万多平方公里。

局部地区的水土流失得到有效控制，水土流失面积和侵蚀强度呈“双减”趋势。在以黄土高原为主的水土流失区，坚持山水田林路统一规划，生物措施与工程措施相结合，按山系、分流域综合治理，营造水保林和水源涵养林 723 万公顷，治理水土流失面积由工程建设前的 5.4 万平方公里增加到现在的 38.6 万平方公里，局部地区的水土流失得到有效治理，水土流失面积和侵蚀强度呈“双减”趋势。重点治理的黄土高原造林 779.1 万公顷，新增治理水土流失面积 15 万平方公里，使黄土高原治理水土流失面积达到 23 万多平方公里，近 50％的水土流失面积得到不同程度治理，水土流失面积减少 2 万多平方公里，土壤侵蚀模数大幅度下降，每年入黄泥沙量减少 3 亿多吨。

平原农区防护林体系基本建成，农田林网化面积和粮食产量呈“双增”趋势。在东北、华北、黄河河套等平原农区，坚持以保障粮食生产为目标，营造带片网相结合、集中连片、规模宏大的区域性农田防护林 253 万公顷，有效保护农田 2248.6 万公顷，平原农区实现了农田林网化，一些低产低质农田变成了稳产高产田。三北地区的粮食单产由 1977 年的 118 公斤/亩，提高到 2007 年的 311 公斤/亩，总产由 0.6 亿吨提高到 1.53 亿吨。在沙区新辟农田牧场 1534 万公顷。农田林网化面积和粮食产量呈“双增”趋势。据东北林业大学测定，由于农田防护林的作用，粮食增产 15％～20％，仅此一项，三北地区增产粮食 187.6 万吨。2005 年全国产粮“十强县”全部是三北工程农田防护林体系建设的达标县。

特色产业基地初具规模，促进了区域经济发展和农民增收致富。30 年来，三北工程把生态治理同地方经济发展和人民群众脱贫致富结合起来，建设了一批特色林产品基地，培育了优势资源，增加了农民收入，促进了地方经济发展，实现了生态建设和经济发展的良性互动。目前，工程区森林蓄积量由1977年的7.2亿立方米，增加到13.9亿立方米，净增6.7亿立方米。营造的农防林和用材林，活立木蓄积高达4亿立方米，已具备年产2000万立方米的木材生产能力。营造各种经济林400万公顷，建成了苹果、红枣、香梨、枸杞、板栗等一大批特色突出、布局合理、具有较强竞争优势的产业带。年产干鲜果品3600万吨，产值达到537亿元。

通过防护林体系建设，广大人民群众从特色经济林等产业中获得了实实在在的利益，地方经济也得到了较大发展。三北地区形成了以人造板、家具制造、造纸等为主的木材加工企业5000家，安排就业人员70多万人，产值225亿元。同时，三北地区以森林观光和绿色产品为主题的各类旅游、休闲产业正蓬勃兴起，2007年接待游客近9000万人次，产值达192亿元。

开创了我国林业重点生态工程建设的先河，突破了传统林业建设理论。三北工程是我国政府兴建的第一个大型林业生态工程，开创了我国林业生态建设的先河。在30年的建设中，广大建设者和管理者在建设思路、组织形式、工程管理、治理模式等方面进行了有益探索。第一次提出了建立一个高生产力的自然与人工相结合的以木本植物为主体，多林种、多树种、带片网、乔灌草、造封管、多效益相结合的防护林体系的思想；第一次提出了建设生态型防护林体系的思想，把森林的生态功能和经济功能有效结合起来；第一次把生态建设以国家重点工程的形式组织起来，以生态工程建设带动了林业全面发展。

增强了全社会的绿化意识，提升了我国在国际生态建设领域的地位。三北工程的实施，充分体现了党和政府改善国土生态面貌的决心和意志，符合三北地区广大干部群众的愿望，激发了工程区广大干部群众投身建设绿色家园的积极性。三北工程建设凝聚了三北地区广大干部的心血，凝聚了广大科技工作者的智慧，凝聚了广大劳动人民的汗水。铸就了以“艰苦奋斗、顽强拼搏，团结协作、锲而不舍，求真务实、开拓创新，以人为本、造福人类”的“三北精神”。三北工程的实施在国内外产生了重大影响，被国际上誉为“世界林业生态工程之最”、“改造大自然的伟大壮举”。1987年以来，国家林业局西北华北东北防护林建设局等十多个单位被联合国环境规划署授予“全球500佳”称号；1988年，邓小平同志为三北工程题词“绿色长城”；1992年，时任国务院总理的李鹏同志在联合国环境与发展大会上宣布：“我国三北防护林体系长达4480公里，已成为阻止风沙南侵的绿色长城。”

三北工程与我国改革开放同行，是我国改革开放的一个缩影。30年来，三北工程建设从中国国情、三北地区区情出发，充分发挥社会主义制度优越性，坚持生态建设目标不动摇，实行全党动手，全民动员，全社会办林业；将防护林建设与国家发展战略结合；尊重自然、经济和社会发展规律，坚持建设生态经济型防护林，将生态治理与改善民生结合，走出了一条具有中国特色的生态建设道路。

第五，未来发展。三北地区是我国林业发展的重点、难点地区，沙化土地总面积达148万平方公里，占全国沙化土地的85%；水土流失面积240万平方公里，占全国的67%。三北地区也是我国林业发展潜力最大的地区，三北地区13个省、自治区、直辖市现有宜林地面积3936万公顷，占全国宜林地面积的68.7%；全国近50万平方公里可治理的沙化土地，90%集中在三北地区；黄土高原45万平方公里的水土流失面积，基本上分布在三北地区。三北工程对于改善三北地区的生态环境，提高农业生产力，增加农民收入，促进区域发展，发展现代林业，推进生态文明，提高我国在生态环保领域的地位具有十分重大的战略意义。

指导思想：高举中国特色社会主义伟大旗帜，以邓小平理论和“三个代表”重要思想为指导，深入贯彻落实科学发展观，按照发展现代林业、建设生态文明的要求，遵循自然、经济和社会发展规律，坚持以建设完备的区域性防护林体系为目标，以防沙治沙和水土保持为主线，以新农村村屯绿化，特色产业发展，林权制度改革为重点，推进体制、机制、科技和政策创新，大力开展造林育林、封禁保护、更新改造、巩固提高，为实现三北地区生态根本好转、建设生态文明和构建社会主义和谐社会作出贡献。

目标任务：在保护好现有植被的基础上，完善提高，加快发展，到2020年，森林覆盖率达到12%。平原农区建成区域性防护林体系，农业综合生产能力显著增强。沙化土地扩展趋势得到基本遏制，水土流失得到不同程度的治理，土地承载力和人口环境容量明显增强。到2050年，完成三北工程规划建设任务，使森林覆盖率达到并稳定在15%左右，风沙危害和水土流失得到有效控制，生态环境和人民群众的生产生活条件从根本上得到改善，建成比较完善的森林生态体系、比较发达的林业产业体系和比较繁荣的生态文化体系。

建设布局和重点：在沙区，以遏制土地沙化为根本，加大封禁保护力度，推进全面治理，建设乔灌草复合防护林体系；在山区，以水土保持为重点，山水田林路综合治理，建设生态经济型防护林体系，提高土地生产力；在平原农区，以增强农业生产能力为目标，建设、改造、提高相结合，建设高效农业防护林体系。集中力量抓好科尔沁沙地、毛乌素沙地、呼伦贝尔沙地、新疆绿洲外围和河西走廊的防沙治沙；加大黄河流域、辽河流域、松花江和嫩江流域、石羊河流域、塔里木河流域的水土流失治理力度；强化江河源头和风沙源的综合治理措施，依法划定封禁保护区，从源头上控制风沙和水土流失危害。

2. 沿海防护林

为抵御台风、海啸等自然灾害，20 世纪 80 年代末，我国启动了沿海防护林体系建设工程。至 2008 年，这项规模宏大的工程，取得了令人瞩目的成就：从最初以建设海岸基干防护林带为主要内容，到沿海部分地区的生态初步改善，许多地方已初步建成美丽富饶的鱼米之乡和滩绿水秀的海滨公园，沿海防护林建设工程经历了一次次蜕变。

首先，海防林基本形成立体防护框架。

为了沿海地区的生态安全和经济社会发展，1989 年，林业部启动沿海防护林体系建设工程。该工程东北起自辽宁丹东，西南抵南海的北部湾，包括长山、庙岛、舟山等群岛和海南、台湾及其周边诸岛。

经过近 20 年的工程建设，沿海地区累计造林 381.8 万公顷，森林覆盖率由不足 25%提高到了现在的 34.2%，海岸基干林带总长达 1.7 万公里，初步实现了合龙；营造农田防护林 2.2 万公顷，新增农田林网控制面积近 50 万公顷，控制率达 80%；沿海地区村镇绿化进一步加快，极大地改善了当地的人居环境，初步构建起了以村镇绿化为“点”，以海岸基干林带建设为“线”，以荒山荒滩绿化、农田林网建设为“面”，点线面相结合，立体配置的沿海防护林体系建设基本框架。

其次，森林生态功能逐步恢复，防灾减灾成效初步显现。

据调查，沿海防护林带可减弱风速 28%～40%，林带内空气相对湿度比空旷地提高 10%左右，林内蒸发量比空旷地减少 20%，减少枯叶率 30%～60%，减少烂秧率 37.3%，水稻每亩可减少损失 7.5 公斤～30 公斤，风折率可减少 37.3%，提高粮食产量 5%～15%。

我国沿海防护林体系建设工程规划从 1988 年～2000 年一期工程营造林 249 万公顷，建设海岸基干防护林带 1.8 万公顷。截至 1998

年，已经累计完成营造林 217.8 万公顷，建设海岸基干防护林带 1.5 万公顷，使沿海地区有林地面积从 1988 年 544.3 万公顷增加到 730.6 万公顷，森林覆盖率由实施前的 24.9%上升到 29.1%，沿海部分地区的生态初步改善。

海岸基干林带成为生命线，有效抵御了风暴潮等自然灾害的危害。2003 年第 7 号台风“伊布都”登陆广东省，恩平市横陂镇的 10 公里海堤在 300 多公顷红树林的保护下安然无恙，而另外 5 公里没有红树林的高等级海堤，被狂风巨浪冲毁，直接经济损失数千万元。1996 年，8 号强台风正面袭击福州，在福清市高山镇登陆，风力 12 级以上，沿海防护林在这次强台风中发挥了很大作用，大大减轻了台风灾害，在有防护林保护的海堤，水稻、葡萄园损失为 20%，没有防护林保护的海堤被冲毁，水稻、葡萄园倒伏，损失惨重。

农田林网让荒芜变粮仓。通过营造农田防护林 2.2 万公顷，新增农田林网控制面积近 50 万公顷，控制率达 80%以上，有效改善了农业生产条件，为粮食增产稳产提供了生态屏障。水土流失面积减少了 108 万公顷，土壤侵蚀模数下降了 25%，沙化土地得到有效治理，一些地区的流动、半流动沙丘已经得到基本控制。

新中国成立前，广东省沿海是无林少树地区，森林覆盖率仅有 3%左右，流沙不断推向内陆，吞噬农田和村庄。经过长期治理改造，过去被风沙埋没的 19.5 万亩农田得到复耕，97.5 万亩沙地变成了农业生产基地，粮食单产不断提高，产量比建设沿海防护林体系前增加3 倍～4倍。

据 1996 年福建省第一次沙化监测结果显示，沿海地区流动沙丘面积从上世纪 50 年代的 72.7 万亩减少到 1996 年的 2.84 万亩，减少了 69.66 万亩，沙改田面积由 19.4 万亩增加到 60 万亩，许多过去寸草不长的沙荒，变成了粮田、“聚宝盆”，许多地方已初步建成美丽富饶的鱼米之乡。

沿海防护林体系建设结合区域绿化美化，加快了城乡绿化一体化进程，城市园林化、通道林阴化、庭院花果化，极大地改善了沿海地区的人居环境，促进了人与自然和谐。如浙江宁波市的农田林网化率达 98%，路、沟、河、渠绿化率达 95%，村镇绿化率达 35%，建成了一批花园式工厂和单位，呈现出社会主义新农村的崭新风貌。

再次，沿海防护林体系内涵丰富。

在全面建设小康社会新的历史时期，沿海防护林体系建设步入了快速发展轨道，发挥了显著的生态、经济和社会效益。自 2001 年二期工程实施以来，截至 2004 年底，共累计完成营造林 871.95 万亩，完成低效防护林改造 102.3 万亩。森林覆盖率已由 24.9%提高到了 35.5%，增加了 10.6 个百分点。多林种、多功能的沿海防护林体系框架基本形成。

森林和湿地保护力度加大，生物多样性不断丰富。截至 2004 年底，沿海地区共有 7 块国际重要湿地，建立湿地自然保护区 90 个，自然保护区面积达 543 万公顷，一大批濒危物种得到有效保护，野生动植物种群数量明显回升，生物多样性更加丰富。

林业产业促进了区域经济发展和农民增收。各省（区、市）在大力营造防护林的同时，注重调整林种树种结构，因地制宜发展用材林、薪炭林、经济林，不仅改善了当地生态环境，而且提供了木材、薪柴及干鲜果品等林副产品，培育了农村经济新的增长点，成为农民致富的有效途径。据统计，2004 年沿海 11 个省（区、市）的林业总产值已达 2854.44 亿元。浙江省 2004 年林业总产值达 870 亿元，有力促进了地方经济的发展，带动了农民增收。

依托森林资源建立滨海森林公园，促进了沿海旅游业发展。目前沿海地区已建立各级森林公园 206 个、面积 972.8 万亩，已成为人们休闲度假的旅游胜地。

一个个林带纵横、绿树成阴的新港城和滩绿水秀的海滨公园促进了沿海地区的物质文明和精神文明建设。天津市新港开发区把营建防护林体系建设作为改善投资环境，吸引外来资本的重要硬件和基础，其生态和社会效益最终转化为经济效益，形成沿海防护林体系建设的新特色。

最后，沿海防护林外延扩张。

党和国家领导人历来关心沿海地区的防灾减灾和人民财产安全。早在20世纪80年代，邓小平、万里等中央领导先后就沿海地区防护林建设作出重要批示。印度洋海啸发生后，温家宝总理、回良玉副总理明确指示，要求抓紧编制《全国沿海防护林体系建设工程规划》。在沿海防护林20年建设的基础上，国家林业局于2008年4月22日发布了《全国沿海防护林体系建设工程规划简介》（以下简称《规划》）。

《规划》的背景是：我国大陆海岸线北起辽宁省的鸭绿江口，南至广西壮族自治区的北仑河口，长达18340公里，另有约11159公里的岛屿海岸线，涉及11个省（自治区、直辖市）和5个计划单列市。沿海地区是我国经济最发达、城市化进程最快、人口最稠密的地区，在我国国民经济和社会发展全局中具有举足轻重的地位和作用。据统计，2004年我国大陆沿海省区的国内生产总值（GDP）已占到全国的69.3％。由于特殊的地理位置以及气候条件的影响，沿海地区也是台风、风暴潮、灾害性海浪、赤潮、海啸等自然灾害发生频率最高，受害最严重的地区。据统计，1990年～1999年间，沿海地区因风暴潮等自然灾害造成的直接经济损失高达2134亿元，严重影响着该区域乃至全国经济社会的发展。

《规划》指出建设沿海防护林的必要性：第一，抵御重大自然灾害，保护沿海地区国土生态安全的需要。由于受特殊的地理位置及气候条件的影响，我国沿海地区自然灾害频发，据统计，1949年～

2004年，平均每年台风登陆6.9次，而每次台风登陆都伴有风暴潮的发生，一般每隔3年～4年就发生一次特大风暴潮，对人民生命财产安全造成极大危害。台风、风暴潮等灾害除造成重大财产损失外，还引起大面积的水土流失和风沙侵蚀，给国土安全带来严重威胁。如海南省文昌市冯坡镇因受风沙侵蚀，在1750年～1950年的200年间，流沙向内陆移动了1600米，造成180公顷的耕地被埋，13个自然村被迫搬迁。沿海防护林体系是沿海防灾减灾体系的重要组成部分，在消浪、护岸、水土保持、水源涵养、防风固沙、生物多样性保护等方面起着其他工程体系不可替代的作用。因此，建设沿海防护林体系是抵御沿海地区重大自然灾害、切实维护沿海地区生态安全和长治久安的需要。第二，保障人民生命财产安全，促进沿海地区经济社会可持续发展的需要。频发的自然灾害，一直是沿海地区人民生命财产安全和经济社会可持续发展的巨大威胁，且随着社会的发展其威胁越来越大。据统计，我国20世纪50年代年均损失不足1亿元，60年代近2亿元，70年代约6亿元，80年代达数十亿元，而1990年～1999年的10年间，沿海地区因台风、风暴潮等自然灾害造成的直接经济损失高达2134亿元。近年来，灾害的发生频率越来越高、损失越来越大，2005年仅“卡努”、“麦莎”等6次台风就造成8478余万人受灾、194人死亡，直接经济损失达688.78亿元，其中“麦莎”台风一次造成的损失就达177.1亿元。建设沿海防护林体系是防御海洋、气象等自然灾害的有效措施，也是保护沿海地区这个全国经济发展“火车头”的重要措施。以生物措施为主的沿海防护林体系与以工程措施为主的海堤相结合，相辅相成、相得益彰，共同构筑起沿海地区防灾减灾防御体系。因此，建设沿海防护林体系，是“以人为本”的具体体现，是沿海人民群众的利益所在，是实现我国经济社会可持续发展的迫切需要。第三，适应国家区域发展总体战略，保障东部地区率先实现现代化的需要。中央从统筹全国区域经济社会协调发展的全局高度，做出了实施推进西部大开发、振兴东北地区等老工业基地、促进中部崛起、鼓励东部地区率先发展的区域发展总体战略。沿海地区经济社会发达、科教文化进步、人才资源丰富，人们的生态环境保护意识强，对生态环境的要求也越来越高，加强沿海防护林体系建设，是东部沿海地区加快发展、率先实现现代化的应有之义；同时，沿海地区具有较好的林业基础，加强沿海防护林体系建设，加快森林资源培育，构建绿色生态屏障，推动林业产业向高层次发展，建立完备的生态体系和发达的产业体系，是沿海地区实现林业现代化战略举措的重要内容和突破口。第四，进一步树立良好的国际形象，扩大我国改革开放的需要。沿海地区是我国改革开放的窗口，集中体现了我国经济社会发展的最新成果。加强沿海防护林体系建设，可以进一步改善沿海地区的生态状况，美化人居环境，强化投资条件，促进经济社会发展，充分展示改革开放所取得的巨大成就；有利于履行《湿地公约》、《生物多样性保护公约》、《濒危动植物种进出口贸易公约》等国际自然资源保护公约；有利于树立我国良好的国际形象，促进对外交流和扩大开放。

《规划》指出工程的主要内容：第一，体系构成。全国沿海防护林体系采取多层次的建设结构，从浅海水域向内陆延伸分为三个层次：第一层次位于海岸线以下的浅海水域、潮间带、近海滩涂，由红树林、柽柳、芦苇等灌草植被和湿地构成的消浪林带；第二层次位于最高潮位以上、在宜林近海岸陆地，主要由乔木组成具有一定宽度的海岸基干林带；第三层次位于海岸基干林带向内陆延伸的广大区域，由宜林荒山荒地、护路林、农田防护林、村镇绿化等构成的纵深防护林。

第一层次和第二层次统称沿海基干林带，是国家重点生态公益林，也是国务院明确批复的国家特殊保护林带。第二，体系布局。

根据海岸地貌特征、海岸基质类型和防护林体系的主要功能，将工程区划分为沙质海岸为主的台地丘陵防风固沙、水土流失治理类型区、淤泥质海岸为主的平原风、潮、旱、涝、盐、碱治理类型区以及基岩海岸为主的山地丘陵水土保持、水源涵养治理类型区，在三大治理类型区的基础上，根据地域分布状况，划分为 12 个自然区。第三，规划目标。通过工程建设，在沿海地区基本建成生态功能稳定、防灾减灾效果显著的生态防护林体系，实现从层次相对单一的基干林带向滨海湿地、基干林带、纵深防护林多层次的综合防护体系方向扩展；从一般的防风固沙等防护功能向包括增强应对台风、风暴潮等重大的突发性生态灾难在内的、相对巩固完善的多功能防灾减灾能力的方向扩展；从传统的防护林体系建设向包括乡村绿化在内的良好人居环境和林业现代化的方向扩展。到 2015 年，沿海地区森林覆盖率达到 37.3％，林木覆盖率 37.8％，基干林带达标率 92.3％，红树林恢复率 95.1％，造林成活率 85％以上，造林保存率 90％以上，农田林网控制率 85.0％，村屯绿化率 90.0％。红树林建设与保护取得重大进展，沿海防护林体系的生态防护功能进一步发挥，防灾减灾功能进一步增强，城乡人居环境得到明显改善，生态建设步入良性循环，在沿海地区率先实现林业现代化，促进区域社会经济的可持续发展。第四，规划范围。规划范围包括辽宁、河北、天津、山东、江苏、上海、浙江、福建、广东、广西、海南等沿海 11 省（自治区、直辖市）和大连、青岛、宁波、深圳、厦门 5 个计划单列市中的直接受海洋性灾害危害严重的 261 个县（市、区，下同），土地总面积为 44.71 万平方公里，占国土总面积的 4.7％。第五，建设内容和规模。（1）以红树林为主的消浪林带建设。规划保护红树林 2.47 万公顷，营造恢复红树林 6.30 万公顷。“十一五”期间，红树林保护面积 1.36 万公顷，红树林营造面积 3.46 万公顷。（2）海岸基干林带建设。海岸基干林带建设采用人工造林、封山育林和林带修复三种方式。规划营造基干林带 38.99 万公顷，其中人工造林 22.45 万公顷，封山育林 16.54 万公顷；规划林带修复 33.64 万公顷。“十一五”期间，营造基干林带 22.03 万公顷，占营造基干林带面积的 56.5%；林带修复 21.64 万公顷，占 64.3%。（3）纵深防护林建设。规划营造纵深防护林 96.36 万公顷，其中宜林荒山荒地造林 93.85 万公顷，农田防护林 1.35 万公顷，护路林 1.16 万公顷；村镇绿化 15067.4 万株。“十一五”期间，营造纵深防护林 53.25 万公顷，村镇绿化 8230.3 万株。（4）科技支撑体系建设。开展沿海防护林科学研究、科技成果推广等科技支撑体系建设，并开展红树林等科技示范建设，规划营造柽柳示范林 9 万公顷。第六，规划期。规划期为 10 年，即 2006～2015 年。2006～2010 年为规划前期（即“十一五”期间），2011～2015 年为规划后期。

3. 长江流域防护林工程

由于长江流域内人口增加过快，对资源盲目地采掘和掠夺性利用，造成流域的水土流失面积有增无减，50 年代长江流域水土流失面积为 36 万平方公里，现在仅四川省的水土流失面积就有 38 万平方公里。长江流域灾害频繁，自 1921 年以来已发生水灾 11 次，平均 6 年 1 次。保护和扩大长江中上游的森林资源，对于整个长江流域的国土安危具有特别重要的意义。

长江中上游防护林工程，从 1988～2000 年为第一期工程，在水土流失重点地区 114 个县（市）总面积为 34 万平方公里，造林 1580 万公顷，其中金沙江流域 20 个县，黔西乌江流域 10 个县，四川盆地嘉陵江流域 60 个县，秦巴山地汉水流域 11 个县，川鄂山地长江干流 18 个县，湘赣丘陵“两湖”水系 25 个县。工程完成后，规划所在地区的森林覆盖率由现在的 19.9%提高到 41.7%，将基本控制长江流域中上游的水土流失。长江中上游防护林体系建设工程，规划造林总面积为 7245 万公顷，以实现长江流域自然生态环境良性循环为目的，在中高山河源区重点营造水源涵养林、在水土流失剧烈的低山丘陵区以水保林和特种经济林为主，在盆地区以两旁植树为主。

4. 珠江流域防护林工程

珠江流域是一个复合流域，由西江、北江、东江 3 大支流组成。整个流域地跨云南、贵州、广西、广东、湖南、江西 6 省（自治区），总面积 44.21 万平方公里，占国土总面积的 4.6%，其中西江全长 2214 公里，流域面积约占珠江流域规划总面积的 77.83%。珠江平均年径流量 3260 亿立方米，为长江的 35%，是黄河的 5 倍，在全国主要江河中居第二位。

长期以来，由于森林植被大量减少，生态平衡失调，其水土流失面积逐年增加，由 20 世纪 50 年代的 4.11 万平方公里增加到 90 年代的 7.67 万平方公里，土壤侵蚀量达 4.6 亿吨，裸岩面积以每年 3%～6%的速度递增，旱灾、洪灾和泥石流常有发生，严重威胁着人民生命财产的安全。

1993 年，林业部编制了《珠江流域综合治理防护林体系建设工程总体规划》。1995 年 11 月国家计委正式批复，原则同意按总体规划组织实施。规划区面积 40.93 万平方公里，占流域面积的 92.6%，涉及云南、贵州、广西、广东 4 省（自治区）32 个市（地、州），177 个县（市、区），建设总规划 120 万公顷，建设期至 2000 年。2004 年，国家林业局批准了《珠江流域防护林体系建设二期工程规划》，工程区包括江西、湖南、云南、贵州、广西和广东 6 个省（自治区）的 187 县（市、区），规划总面积 4049.17 万公顷，占珠江流域总面积的 91.59%。据统计，到 2006 年底，共完成造林 71 万公顷。

工程建设取得了一定的成效。一是工程实施县的森林资源得到增加，水土流失得到控制，生态环境得到改善；二是提高了工程区内党政领导和广大干部群众的环保意识和绿化意识，为工程今后的实施奠定了思想基础；三是培育了工程管理人员和技术人才；四是树立了各类示范样板，带动了面上的工程建设。

5. 太行山绿化工程

太行山南起黄河，北接恒、燕山脉，西邻汾河，东临华北平原，涉及北京、河北、山西、河南 4 省（直辖市）110 个县（市、区），总面积 1218.79 万公顷。太行山与燕山山脉构成华北平原的屋脊，成为京津即华北平原的天然屏障，整个太行山约有 2/3 的面积汇水于海河流域，成为华北平原和京津地区重要的水源区。长期以来，由于历年战争破坏，原始的耕作方式和掠夺式的采伐，不仅使太行山区森林植被遭到严重破坏，而且使其生态环境急剧恶化，森林覆盖率低，水土流失严重，旱、涝、洪、雹、冻等自然灾害频繁，经济发展落后。岩石裸露，经常洪水肆虐，十年九旱，地下水位下降，水源枯竭，群众生活贫困。

1984 年，国家计委批准了《太行山绿化总体规划》。总的布局是：在立地条件好的地段发展用材林，以缓解木材供需矛盾；在条件允许的地区，建设一批名、特、优、新经济林基地，以发展山区经济，促进脱贫致富。决定从 1986 年起用 15 年时间，对太行山区进行大规模绿化，即太行山绿化工程。建设太行山绿化工程，不仅具有改善当地生态环境，促进经济发展，提高人民生活水平的本地效应，而且具有重要的“外部”效果，对于根治海河，减少京津及华北平原的自然灾害，都有极其重要的意义。太行山绿化工程是在太行山石质山区营造水源涵养林、水土保持林，发展果木经济林，通过恢复和扩大森林植被，以提高山区的水土保持能力，并兼有较好的经济效益。

工程建设范围包括山西、河北、河南、北京 4 省（市）的 110 个县，总面积 1200 万公顷。工程建设总目标是：营造林 356 万公顷，防护林比重由1986年的23.8%提高到41.1%，经济林比重由13.6%提高到27.2%，基本控制本区的水土流失，使生态环境有明显的改善。建设期限为1986～2050年，分三个阶段完成：1986～2000年为第一阶段，营造林136万公顷；2001～2010年为第二阶段，营造林178万公顷；2011～2050年为第三个阶段，营造林42万公顷。工程完成后，森林覆盖率可由15%提高到35%左右。

1987年开始，林业部先后在40个县（市）开展绿化试点工作。经过近7年的试点，1994年太行山绿化工程正式启动。2004年，国家林业局批准了《太行山绿化二期工程规划》，至2006年，共完成造林489万公顷。工程启动以来，通过领导带头，政策调动，科技支撑，市场拉动等做法，取得了显著的成效。

一是有效地增加了森林资源，极大地改善了太行山区的生态环境，拓展了老区人民的生存和发展空间，森林覆盖率由工程实施前的11.5%提高到了20%。

二是坚持走生态经济型的发展道路，推动了工程区农业产业结构的调整和优化，促进了区域经济发展和农民增收。

三是增强了全民的生态意识，培养了大批人才，起到了良好的示范作用。工程建设培养了一大批懂业务、善管理、作风扎实的林业干部队伍，有的已走上了各级领导岗位。工程区广大干部群众在工程建设思路、组织形式、工程管理、治理模式等方面边探索、边总结、边推广，起到了良好的示范作用，为我国实施大型生态工程建设提供了经验和路子，也在国际上产生了较好的影响。

6. 平原绿化工程

由于历史和社会的原因，过去我国平原地区天然森林植被基本破坏殆尽，森林等自然资源极其稀少，旱、涝、风、沙等自然灾害频繁发生，水土流失、土地沙化、土壤盐渍化情况严重，不少地方的粮食产量低而不稳，农民群众缺材少薪，广大群众的生产生活受到严重影响，农村经济的发展受到制约。1988年，林业部编制并实施了《全国平原绿化“五、七、九”达标规划》（即“七五”期间500个县（区、市）达到部颁平原绿化标准；“八五”期间700个县达到标准；到2000年，920个平原、半平原、部分平原县全部达到部颁平原绿化建设标准）。规划包括北京、天津、河北、山西、内蒙古、辽宁、吉林、黑龙江、上海、江苏、浙江、安徽、福建、江西、山东、河南、湖北、湖南、广东、广西、海南、四川、陕西、宁夏、新疆、甘肃等26个省、自治区、直辖市的918个县（市、旗、区）。2006年国家林业局又组织编制实施了全国平原绿化工程建设规划（2006～2010年）。工程的实施，取得了四个方面的成就。

一是改善了生态环境，为农业生产提供了绿色屏障。1988年以来，全国平原绿化累计完成造林710万公顷，平原地区森林覆盖率由1987年的7.3%提高到现在的15.8%，增加了8.5个百分点；新造农田防护林376.8万公顷，保护农田3256万公顷，基本农田林网控制率由1987年的59.6%增加到现在的72.9%，提高了13个百分点。许多地方生态环境明显改善，农业生态屏障初步形成。过去一些风、沙、旱、涝、碱等自然灾害严重的地区，如今已绿树成阴、林茂粮丰。

二是培育了森林资源，为林业产业发展奠定了基础。目前，平原地区有林地面积已达1661万公顷，活立木蓄积达7.9亿立方米。建成各类经济林502万公顷。森林资源的增加，不仅缓解了我国木材供需紧张的局面，而且带动了林纸、人造板等林副产品加工业和第三产业的蓬勃发展。

三是促进了农村产业结构调整，为农民增收培育了新的经济增长点。各地因地制宜，采取林粮、林果、林菜、林药、林草间作等多种农林复合经营方式，大力发展速生丰产用材林、名特优新经济林，有力地促进了平原地区农村产业结构调整，极大地促进了以林副产品为主的加工业、养殖业的发展，增加了地方财政收入和农民收入，涌现出一大批通过发展平原林业实现脱贫致富的先进典型。

四是促进了城乡绿化一体化，为人们提供了良好的生活环境。平原绿化与乡镇绿化、绿色通道建设相结合，促进了城乡绿化一体化进程，极大地改善了平原地区的人居环境，特别是在一些经济比较发达的地区，基本实现了农田林网化、城镇园林化、通道林阴化、庭院花果化，建成了人与自然相和谐的绿色家园。

（四）农村区域内防护林的管理

防护林建设既改善了城市的环境，也改善了农村的生产生活条件。对于防护林的建设，城市居民接触并不多。而农村居民距离防护林却很近。防护林的经营与农村有着密切的联系。农村是依赖自然的社会单位，自然条件决定了农民的生活方式，自古靠山吃山，靠水吃水。因此，有防护林的农村，也会依赖防护林而发展。发展方式有很多，比如在林中获取薪材，在林下经营养殖、种植等产业，或者承包防护林进行经营管理以达到保护和利用并举的效果。因此，农村与防护林的管理有着密切的联系，如何保护和利用好防护林是我们今后要加大研究的一个内容。至于林下产业的开发，会在后面的章节介绍。此处不再赘述。

四、经济林

（一）发展经济林的意义

经济林是“以生产果品、食用油料、饮料、调料、工业原料和药材为主要目的的林木”。它是能够迅速实现生态效益、经济效益和社会效益有机结合的最佳林种之一，可为人们提供高质量的森林食品、药材、工业原料及其他产品。相对于用材林而言，经济林具有投资周期短、见效快、经济效益显著、利国利民等特点，为中国商品林的重要组成部分。当前，随着经济林生产规模的日益扩大和中国加入WTO以后面临的新形势，它在中国国民经济建设中，尤其是在农村产业结构调整中具有特别重要的作用。因此，在新世纪林业现代化建设中，我们应该高度重视经济林生产，以实际行动贯彻落实党中央国务院提出的保护生态环境的指示精神，实现中国社会经济可持续发展战略的目标。

1. 经济林产品是人民生活的必需品

中国经济林树种约有1500余种，现广为开发利用经济价值较高的有100多种。其根、茎、叶、花、果、种子以及树皮、树脂、树液、纤维等器官组织及紫胶、白蜡等产品，都可为食品、医疗、油脂、化工、涂料、纺织、造纸、化妆等工业生产提供原料。比如：肉桂树根、厚朴根皮、竹子、杞柳条、银杏叶、茶叶、辛夷花蕾、玫瑰花、山茱萸果实、腰果、无花果、乌桕种子、油桐种子、栓皮栎的栓皮层、杜仲树皮、桂皮、漆树树液、糖槭树的树汁、棕榈叶鞘纤维等。有些经济林产品可为人民生活提供油料、淀粉、糖料、调料、香料、蛋白质、维生素、矿物质以及中药材等。比如：核桃、板栗、糖槭、花椒、肉桂、杏仁、柿子、枣、枸杞等树种，具有营养保健之功效。据有关方面资料介绍，经济林可为社会提供500余种原料产品、1500多种加工制品。

2. 经济林产品是对外贸易出口创汇的重要物资

许多经济林产品在我国对外贸易中，能提供大宗出口商品，为中国现代化建设换取重要资金和物资。比如核桃、板栗、枣、梨、杏仁、柿饼、生漆、桐油、山苍子油、八角、茶叶、银杏、杜仲等各种干鲜果品、饮料调料、工业原料及木本药材等，是中国历史上的传统出口商品，在国际市场上享有很高声誉，每年可为国家换取大量外汇，对支援中国经济建设具有重要意义。其他经济林产品，比如五倍子、虫蜡、香榧、桂皮、山茱萸等产品，每年都有一定出口量，具有较高创汇价值。

3. 发展经济林是调整林业产业结构的重大举措

在中国加入WTO，世界经济一体化进程不断加大的新形势下，中国林业生产面临着新的机遇和挑战。因此，依靠科技进步，不断优化调整林业产业结构，因地制宜发展经济林生产，是进一步发展高效林业、创汇林业的重要途径。尤其是在近年来中国实施退耕还林、保护生态环境、实施西部大开发战略中，经济林建设必将有一个新的跨越式发展。这是因为发展经济林比其他林种能获得更为显著的经济效益，见效快收益期长，能够为林业建设积累较多资金，以短养长迅速搞活林业经济，从而大大提高林业产业的社会地位。

4. 经济林生产是山区林业综合开发、农民脱贫致富奔小康的重要途径

中国山区、丘陵及荒滩面积大，许多地区都适宜发展经济林生产。因此，结合市场需要合理开发利用土地资源搞好经济林生产，既可调节气候、改善生态环境条件，有利于高新技术产业、精密工业生产正常运行，又能保持水土涵养水源、防治自然灾害，使人们安居乐业，还能很好地促进农牧业生产持续健康稳定地发展。经济林树种具有一年种植多年收益的特点，可为农民群众提供可靠的经济来源。在城郊及交通方便的地方，合理开发经济林资源，适地适树发展生态观光旅游林业，可为人们提供休憩场所。在"三北"防护林中建设生态型经济林，相当于创办绿色企业。在经济林中搞立体经营或发展庭院经济林，又能提高经济效益，增加致富门路。

5. 经济林产业可为人民群众提供大量就业岗位

中国人多地少，劳动力资源丰富，随着工业化程度的进一步提高，剩余劳动力将愈来愈多。经济林在中国是一个新兴产业，改革开放以来已初步形成林、工、商一体化产业体系的雏形，年产值约1000亿元。经济林生产用工多，属于劳动密集型产业，生产环节、流通环节都需要大量人力资源，可为农民、下岗职工、大中专毕业

生提供就业机会，对于维护社会安定团结具有重要作用。

6. 经济林生态效益

经济林是我国五大林种之一，是以生产果品，食用油料、饮料、调料，工业原料和药材为主要目的的林木。与其他林种相比，经济林具有生产周期短、见效快、经济效益高，产品多样、加工增值潜力大、产业化前景好，即适应性广、特产性强，既适宜农户经营，又可大规模种植等特点，是林业“三大效益”（经济效益、生态效益和社会效益）兼顾得最好的一类林种。例如，沙棘是重要的饮料和药材树种，同时又是我国西部固沙造林的首选树种，八角是传统的调料树种，同时又是广西保护水源和树桩的重要防护林种；油茶是我国亚热带地区重要的木本油料树种。同时又是优良的荒山荒地绿化树种，对于维护我国南方丘陵红壤地区的生态稳定性起到了十分重要的作用，兼具绿化美化环境、净化空气、调节气候、保持水土、涵养水源等多种生态效益，据综合评估，油茶林的生态效益与经济效益的比值为10∶3。

综上所述，经济林具有显著的经济效益、生态效益和社会效益，其屏障作用和产业作用并存且不可替代，在保护生态环境和保证国民经济可持续发展历史进程中，将更加受到世人的关注。

（二）我国经济林现状

经济林是以生产干鲜果品、食用油料、饮料、调香料、工业原料和药材等为主要目的的林木，它集生态效益、经济效益和社会效益于一体，既是当前林业产业体系建设的重要组成部分，也是林业生态体系建设不可缺少的一部分。

近些年来，我国经济林栽培面积不断增加。1993年全国经济林成林面积达1609.88万公顷，约200个品种，占全国人工林总面积的34.54%，其中油料林面积605.89万公顷、果树林面积529.61万公顷、特种经济林面积133.40万公顷，其他经济林面积340.88万公顷，分别占全部经济林总面积的 37.64%、32.90%、8.29%和 21.17%。1995 年全国经济林新栽面积为 196.99 万公顷，比 1991 年的 66.95 万公顷增加了 130.04 万公顷，年均增长率达 32.51%。2000 年全国经济林面积约 2334 万公顷，占全国森林总面积的 20%、占全国人工林总面积的 60%以上。经济林面积超过 100 万公顷的有湖南、江西、陕西、广西、山西、山东、湖北、河南、河北、广东等省区。

1989 年全国经济林产品总量达 2140 多万吨，其中水果产量 1800 多万吨。截至 1995 年底，全国水果产量达 4214.63 万吨，干果产量达 233.40 万吨；其中苹果 1400.40 万吨、柑橘 822.50 万吨、油桐籽 40.22 万吨、油茶 62.31 万吨、核桃 23.07 万吨、板栗 24.07 万吨。从 1979～1995 年，我国水果产量年均增长 12.76%。干果中核桃、板栗分别平均增长 5.9%与 10.9%。茶叶平均增长 4.83%，油桐籽年均增长 4.8%，以生漆、乌桕、五倍子等为主的工业原料类产品年均增长率不到 5%，而油茶籽年均增长不到 0.1%。近年来，木本药材和调料也有了很大发展，年产量分别达 3 万吨。

经济林生产已逐渐成为我国农村经济发展的一个新的增长点。改革开放以来我国各地大力发展经济林生产，先后涌现出一大批致富典型。例如河南省洛宁县上戈乡"苹果大王"邢长运，20 世纪 90 年代连续数年实现每年收入十几万元，成为远近闻名的致富带头人；河北省平泉县有以山杏林为主的生态经济林 15 万公顷，1993 年产杏仁 100 万公斤，收入 1000 万元，有的农户仅杏仁一项收入达 5000 元；江苏省泰兴县有银杏结果树 10.5 万株，年产量 2000 万吨，1990 年仅银杏一项收入达 5000 万元；浙江省永嘉县西炉村科学管理柿树，人均收入 726 元；位于豫西深山区的卢氏县，多年来因地制宜发展核桃、板栗、花椒、油桐、生漆等，建立经济林基地 2 万公顷，年产各种经济林产品 2300 万吨，产值达 3500 万元。事实说明，经济林在我国许多地方已成为农村经济的重要来源。

名优品种增多，区域化、集约化栽培成效显著。随着科教兴林战略的逐步实施，我国成功培育出许多经济林新品种，如绿波、鲁光、晋龙1号、中林1号核桃，燕昌栗、豫罗红板栗等；从国外引进了黑核桃、扁桃、腰果、树莓等新品种，进一步丰富了经济林资源，对于品种更新换代发挥了积极作用。在栽培管理技术方面，积极开展精细管理和集约化经营，取得显著成效。例如枣树矮化密植早期丰产园鲜枣产量达1365千克/667平方米、成龄柿园年产鲜柿达4666千克/667平方米、山楂成龄丰产园达3755千克/667平方米、板栗密植丰产园达524千克/667平方米、文冠果150千克/667平方米、乌桕400千克/667平方米、茶园年产干茶500千克/667平方米，许多集约化栽培丰产园比传统栽培的普通园增产10多倍，从而说明我国经济林生产的潜力之大。经济林生产要获得经济效益，必须区域化、规模化，近年来，以省、县为单位的区域化生产已初具规模，全国评出了许多经济林名特优之乡。

主要产品市场供求情况。经济林产品国内消费总量从20世纪80年代初期到1995年，平均增长率为19.2%，由供不应求发展到供需基本平衡。果品类的市场供应状况好于其他类经济林产品，大宗水果价格稳中有降，名、特、优果品销售畅通，略呈供不应求的态势。核桃、板栗、杏仁等干果类近年来出口量逐年增加，在国际市场上占据较大优势。油茶是我国特有的栽培面积最大的食用木本油料树种，近年来市场需求急剧增加，市场供应不足。天然橡胶市场供需量逐年上升。油桐是我国重要的工业原料树种，桐油产量占世界总产量的70%，年出口量约占50%，一直供不应求，但由于售价过高等因素反而抑制了销售。生漆市场趋于好转；茶叶产销基本平衡，贸易出口进入稳定发展时期。我国咖啡面积较小，产量较低，国内生产量远远不能满足市场需要。竹笋产品如竹笋干、竹笋罐头，在国际市场上有很大竞争优势。杜仲、枸杞等木本药材及八角茴香在国际市场优势明显，是出口创汇的重要产品之一。

（三）经济林的经营管理

经济林大部分是在农村生产的，经济林经营的好坏直接关系到农民的增收，因此，针对经济林的经营管理提出以下建议：

1. 坚持经济效益、生态效益和社会效益统一协调发展原则

发展经济林，必须从实际出发，处理好经济林的经济效益、生态效益和社会效益之间的关系。对于在生态环境脆弱的地区规划发展经济林，应坚持生态效益优先的原则，选择地势相对平坦，立地条件较好的地段发展经济林，并注意采取不易造成水土流失的方式进行整地、造林、管护和利用；对于在地势平缓、不易造成水土流失的地区发展经济林，应以经济效益为主，生态效益为辅，以市场需求为导向，实行产业化、基地化和规模化的规划和发展。

2. 加大经济林结构调整步伐，促进经济林资源的合理布局

经济林资源结构调整是经济林发展的战略性问题，它影响着全国经济林资源发展的全局，各级政府应充分发挥宏观调控作用，做好规划，统筹安排。经济林资源结构调整应包括区域布局的调整、林种和树种结构调整以及低质、低产、低效林分的改造等内容。（1）对于南方集体林区、东南低山丘陵和平原地区，经济林资源的面积总量较大，经济林占有林地的比重已达20%左右。应注意控制总量增长，把重点放在大力发展各种名、特、优、新产品，提高产品质量和深加工水平等方面。（2）对于西部地区，一方面经济林面积只占有林地面积的7.93%，退耕还林还草工程又给该区域经济林发展提供了较多的土地资源和资金，应加快经济林的发展速度，可将经济林占有林地的比例提高到15%左右；另一方面，西部各省分布在25°以上陡坡地段的经济林占较大比重，从生态环境保护角度出发，对这部分经济林地应逐步进行改造。（3）在重点生态林工程区，

经济林结构调整应突出生态优先、兼顾经济发展的原则，严格控制经济林在有林地中的比重。对经济林占有林地面积较大的黄河中游防护林工程区、平原绿化工程区、沿海防护林工程区和淮河太湖流域防护林工程区应将经济林占有林地的比重逐步调整到20%左右。（4）经济林林种和树种结构调整。从国内外市场需求情况和经济林资源优势来看，果品和饮料产品市场已基本饱和，不宜大面积扩大发展。南方集体林区应把重点放在提高果品和饮料林产品的质量方面。工业原料、食用油料、药材等产品市场不饱和，有较大发展潜力，应将经济林的发展重点从果树林转到工业原料林、食用油料林和药材林等林种上来，特别是西部地区，应重点发展这些林种。

3. 加强经济林市场体系建设，促进经济林产品的生产、加工和销售协调发展

在搞好宏观调控的同时，还应抓好经济林市场体系的建设，充分发挥市场的导向作用，促进经济林产品的生产、加工和销售协调发展。各级政府应做好以下工作：（1）应制定和完善好有关发展经济林方面的优惠扶持政策，千方百计调动社会各方面参与发展经济林的积极性，吸引各方面资金投入发展经济林。（2）根据经济林产品的市场需求和发展潜力，制定相关的产业政策，加强宏观调控，合理规划和布局生产、加工和销售市场；鼓励和引导农民群众优先发展或引进名、特、优、新产品，并实行规模化、市场化和集约化经营。（3）建立健全各种市场规章制度和相关技术标准，规范市场行为，加快与国际接轨的步伐，迎接加入WTO带来的挑战。（4）充分利用现代信息技术，为广大农民群众做好市场流通信息的传播与交流工作。

4. 加强天然经济林资源的保护，维护经济林资源的生物多样性

我国仅有的400.72万公顷天然经济林资源正在以年均净减

1.27%的速度下降，这个问题应引起各级政府的高度重视，对于天然经济林应实施重点保护，只能适度开发利用。政府应制定相应的保护政策和措施，制止各种对天然经济林资源的过度开发利用和破坏活动。

5. 加强低质、低产、低效经济林的改造，提高经济林资源的质量

由于自然条件差，林分老化，经营管理不善或是造林时未做到适地适树等原因，造成了许多产量低、品质差、生态效益和经济效益不高的林分。我国南方集体林区的部分地区存在大面积这种“三低”油料林和果树林，需要进行改造。此外，对于大面积分布在25°以上陡坡地段的经济林，不仅低质、低产、低效，而且采收与经营管理也比较困难，也是当前需要改造的主要对象。

6. 逐步向规模化和企业化经营的方向发展

由于我国国情所决定，想全部采用国外规模化和企业化经营是不可能的，但完全有可能逐步向这个方向发展或在产业的某一环节实施规模化企业化经营。如公司加农户类型的经营，采用流通企业或加工企业与农户的结合，或少数种植大户基地的结合。这方面我国已有较多成功的例子，如康恩贝集团银杏叶产品与周边农户生产基地建设，在一定时间内形成量的平衡关系，农户可以有稳定的销路，公司也有固定的原料来源；而且对原料可以提出质量标准（包括含量、农药残留等质量指标），从而也促进生产基地提高管理水平，推行无公害栽培技术措施。此外，浙江省“人长久”等山核桃加工企业与广大种植户，江西樟树药材市场与周边大面积生产基地间形成了相互紧密关联的关系。近年来，也有许多公司提出“订单农业”也是公司＋农户的具体体现。这些事例的出现是经济林产业迈向现代化的最基本步骤。

经济林产业需要市场经济方式发展，但更需要的是政府引导型

管理。随着政府管理水平和决策水平的提高，政府参与甚至强制具体种植行为在逐步减少。但是要克服分散经营，走规模化企业化的道路，需要政策导向、宣传和信息服务、技术培训、阶段性价格补贴，特别是吸引加工、贮运、营销企业和根据条件建立专业市场等方式进行推动。

7. 因地制宜，注重品种的区域特性

经济林树种大多数有一定的适生条件要求，但不同经济林树种的适生范围与该树种的生态幅有关。目前广布种通常是宽生态幅的物种，如板栗、银杏、桃等，相对来说宽生态幅经济林树种地域间引种成功性较大。如浙江省桐庐县板栗研究所将山东省“金丰”、“石丰”品种引种栽培，不但产量高且栗果的含糖量也比当地品种高，为当地市场增加了糖炒栗品种。相反，一些窄生态幅物种却有严格的地域生态限制，甚至近距离引种也难以成功，如浙江山核桃、湖南山核桃、贵州山核桃适应于当地石灰岩发育的土壤，在附近红黄壤土壤上栽培则生长不良。而美国引进的薄壳山核桃虽然与国内山核桃同属，但适生条件却差别很大。据我们对国内多个试验示范点资料分析表明，薄壳山核桃在贫瘠、水分条件差的立地上生长发育不良，而在土层深厚疏松、水分条件好的立地上生长发育良好，生长结实可达到美国当地中等以上的水平。同样香榧在湿度较大、土层深厚且有一定阴湿的环境条件下生长良好，而引至附近地势平坦光照强烈的生态下则生长发育相对较差。

对于每一种经济林树种，品种间虽有一定的相似性，但各品种仍然有各自的适生条件，每一个品种，都要求一定的温度、日照、水分、土壤等条件；这些条件合适的地方，就能用较低的生产成本，得到较高的产量和质量。有的树种在品种间甚至有很大差别，如李树品种大多数要求较好的土壤和水热条件，而贵州省安顺地区石漠化地区的当地品种“冰脆李”品种却具有在干旱、贫瘠立地条件下能大量结果且具有稳定产量的特点。

8. 提高经济林品种的种子质量

优质苗木是保证经济林生产顺利发展的一个基本条件，而目前的苗木生产较为混乱，苗木的品质及纯度难以保证，以假充真、以次充好现象时有发生。因此，国家应严格苗木生产管理，制定制度，对从事苗木繁殖的单位和个人进行资质审查并实行许可证制度。此外应制定经济林苗木的商业标准，分别规定品种苗的纯度、粗度、高度、根系、病虫害等指标。有了制度还需严格执行，各级科研单位应担负起苗木的鉴定和检测责任。世界上无病毒苗已引起广泛重视，科研部门应加强无病毒苗工厂化生产的研究进程。

我国当前经济林砧木繁殖都用种子，由于种子的变异性大，因此，果园内单株间生长结果表现出明显差别。为提高果品质量，采用无性系砧木将是今后经济林苗木培养的发展方向。此外，还可通过组织培养技术生产品种自根苗来代替嫁接苗。有试验证明，许多桃树自根苗和嫁接苗的生长结果，并没有明显差异。科研部门应对其他经济林也进行比较研究。

9. 提高经济林果品采后处理水平

为了保证果品达到该品种最佳的品质，制定采收成熟度标准是必要的。经济林树种一般到完熟后品质达到最佳状态，过早或过晚采收不仅降低经济林果实品质，而且也缩短贮藏和运输寿命。果品的分级应制定分级标准，同时收购部门分级收购，优质优价，使果农逐渐增强质量意识。包装、贮藏是为了减少运输损失和延长果品寿命，我国科研部门在这方面已有大量的成果，国外也有大量的经验可供借鉴，但应从我国国情出发，采用土洋结合，对各产区传统的土法贮藏加以改进，使其更为科学有效。与此同时应进一步开展保鲜剂、保鲜膜的研制。

果品加工是提高果品附加值的一项手段，也是果品生产良性发展的保证。与栽培有关的主要问题是原料，即适于加工的品种，在目前一些鲜果相对过剩情况下，应加紧选育适于加工的品种，如果没有适合的品种，就不可能生产出在市场上有竞争力的产品。

10. 加强名、特、优、稀、新经济林果品和产品的发展

我国各地均有丰富的特色经济林树种或品种，如浙江的山核桃、杨梅、枇杷、香榧、胡柚，福建的荔枝、龙眼、菠萝，安徽的石榴等等。对这一类经济林，首先应开展全面、深入的调查和评价，然后大量收集、保护各种有用的或可能有潜在用途的遗传资源，最后选出有市场价值的品种大面积发展。同时不断挖掘培育新品种，充实品种资源。此外，应开展品种适应区域试验，以开辟新产区。

同样的名、特、优、稀、新经济林果品，还要加强新加工产品的研发。长期以来，浙江山核桃加工以果实炒制加工工艺为主，其中椒盐山核桃受到了江、浙、沪广大消费者的欢迎。但由于椒盐山核桃剥壳困难，食用过程取仁麻烦且易破损，在江、浙、沪以外的消费者大多难以接受这一产品。近几年研发易剥山核桃产品和果仁炒制等新产品，从而使市场区域扩大，消费群体增加。

11. 加强经济林科学研究，完善技术推广体系

目前，全国性的经济林科研机构北方较多，南方则仅有一个柑橘专业所，没有全国性的亚热带经济林专业研究机构，应进一步完善我国经济林科研单位的布局。以现有省部级科研院所技术力量为主体，可以以林种或大的树种建立固定的试验站形式，开展长期稳定的科学研究工作。由于农林技术成果和专利技术难以保护，基本上是社会公益性的，所以研究机构也是社会公益机构。

12. 加强新品种和新技术的引进力度

我国经济林研究虽然成绩显著，但与国外先进国家相比仍有差距。因此，我们应加强同这些国家的交流与合作，根据我国气候特点，大力引进适生优良品种资源、育种资源、先进的栽培技术和产

品加工利用新技术，如一些具有特殊营养价值、医药价值的稀有种和品种。

国外经济林新品种的引进已产生了显著的经济效益，丰富了我国的经济林树种种类和产品种类，许多树种对于国内经济林树种的改良也是优良的育种资源。20世纪80年代初开始，亚热带林业研究所主持进行日本甜柿新品种引进，引进成功并研制配套栽培技术，解决了我国甜柿品种和育种资源缺乏的现状，引进材料和技术在14个省区推广应用。同样主持引进了美国薄壳山核桃新品种，解决了山地、平原地区栽培技术，推广无性繁殖品种苗10万余株，大树嫁接3年挂果，丰产试验示范林达到国外中等以上产量水平，良种已推广到5个省区。从20世纪90年代后期，更大规模的品种和技术引进在各地相继进行，其中有许多涉及经济林树种和相关技术。这些引种工作将在不远的将来逐步产生经济效果。

13. 注重发展生态经济林

所谓生态经济树种是指“对特定的立地条件有较强的生态适应性，生长发育良好，并能产生显著的生态效益和经济效益的树种”。用生态学原理选用生态经济树种和栽培模式并实施无公害或有机栽培的经济林，就是生态经济林。

经济林是我国的重要林种，也是经济效益较高的林种。到2002年全国有经济林2733.3万公顷，占全国森林总面积的20%左右，产值超过1320亿元，占林业总产值的49%（均不含加工增值）。从1991年以来每年面积增长80万～100万公顷，是增长速度最快的林种，经济林面积已占全国人工林面积的60%左右，但在整个经济林生产中还普遍存在着水土流失严重、生态条件恶化、林木早衰、产量低而不稳、质量差、效益不高等问题。这是由于经济林多为纯林栽培，破坏了林地物种的多样性；在经营过程中林地频繁耕作，许多没有水土保持措施的坡地水土流失严重，导致林地肥力下降、树体早衰；由于生态受到破坏，病虫滋生，需要喷药防治，加上盲目施肥，造成环境污染，产品质量下降。因此经济林是生态功能比较脆弱的一个林种，是整个森林生态系统中的薄弱环节，不解决这些问题，经济林本身就不可能持续发展，也会影响整个森林生态系统功能的发挥。

生态经济林栽培模式有纯林、混交林、立体经营和散生庭院式栽培。

目前我国经济林绝大多数是纯林栽培，由于破坏了生物的多样性，林地肥力下降、病虫滋生，衰退很快，就是通常所说的人工林衰退病。必须改变纯林为主的局面，提倡在立地条件优越，集约管理的地方，可以建立一些密植高产纯林，而在广大山区管理粗放的坡地，不宜大面积连片营造纯林。欧洲板栗在法国、意大利基本上采用两种经营方式，一种是高产纯林（在平地缓坡），一种是山区坡地，采用混交或保留林下植被，粗放型管理。

人工栽培采用混交模式的很少，自然界天然混交林却比比皆是。经济林采用混交栽培后，可以改善林地生态条件和景观。在经济林下套种草本、灌木、小乔木实行多层次的立体经营，在我国有悠久的历史，根据套种的植物种类和目的来分，有粮食如玉米、豆类、薯类、油菜、小麦；瓜果类有花生、西瓜、高山蔬菜；经济作物有茶叶、黄花菜、水菖花（高级纤维）、龙须草、牧草、刺梨；药材有南天竺（石灰土）、元胡、延胡索、麦冬、半夏、浙贝、绞股蓝等耐阴性药材；绿肥有各种豆类、胡枝子、紫穗槐、三叶草、马棘、苕子、苜蓿等。

林下套种如果植物种类（品种）选择得当，管理得法，可以增加地表植被和土壤有机质，保持水土，改良土壤，提高土地利用率，获得较好的早期效益，达到以短养长的目的。在我国南方山区套种茶叶是较好的经营方式之一，首先茶叶怕高温和强日照，在林下种植茶叶的质量得到很大改善；其次茶叶是保持水土效果较好的作物，在坡地按水平带种植或梯地的坡坎种植茶叶可以有效地防止水土流失；最后可以产生显著的经济效益，并可向生产高档茶、有机茶的方向发展，前景广阔。

选择有经济价值和观赏价值的经济树种进行村边、宅院栽培，不仅可以绿化、美化环境，还可获取相当的经济效益。在浙江普遍种植的庭院经济树种有雷竹、银杏、桃、李、杏、梨、香椿、樱桃和目前推广的杨梅、香榧、山茱萸等。长兴县白阜乡“四旁”种植的银杏，人均收入超千元；临安市的雷竹大多数为村旁、宅边种植，好的竹园产值达数万元。

（四）经济林发展案例

山西忻州五台县标准化生产经济作物，2.6 万农民致富。

五台农民大规模种植花椒、柿子等经济林，创造出以林致富的新生活。昔日的山桃、山杏穿上了漂亮的“认证”嫁衣，以标准化的“姿容”走俏国内外市场。2006 年全县主产区的 2.6 万农民人均经济林收入达 650 元，占到农民人均纯收入的 45%。据统计，全县仅经济林年收入达 1575 万元，花椒、柿子被国家认定为“绿色食品 A 级”。

五台县地处丘陵区，特殊的地理条件构成了多样的区域小气候，适应于各种经济林的生长。如陈家庄乡盛产花椒、柿子、核桃，阳白乡盛产苹果、梨，建安乡盛产红枣。全县 19 个乡镇全部适宜种植山桃、山杏、酸枣，总面积达 24 万亩。近年来，县委、县政府加大了农业标准化进程，县质监部门从地头抓农产品标准化管理。如 6 万亩花椒种植，全部选定在远离工矿区和公路铁路干线的无污染区，大气、土壤、水分等各项检测指数均不能超过规定指标。

坚持按标准化生产，提升经济林的综合效益。罗家庄村罗安平、罗荣华按照生产标准办起了“五台山椒业开发有限公司”，由于完全按照无公害生产，他家加工的花椒由每公斤 19 元上涨到 36 元。仅此一项，花椒主产区陈家庄乡的1.5万户农民去年就收获花椒18万公斤，创收648万元。建安村364户农民，近年来陆续种植山桃、山杏、木枣等经济林达3.8万株，预计到2010年全村的经济林收入即可达到100万元，户均收入2747元。

辽宁省鞍山市台安县种植生态经济林促进农民增收。

矮化密植的寒富苹果林，近年将担当起鞍山市台安县沙化土地治理和农民脱贫致富的重任。2008年鞍山市在全面实施台安县防沙治沙工程中，注重将治理沙化土地与促进农民增收相结合，计划投资400万元，再种植6000亩寒富苹果生态经济林。

台安西北地区多是沙性土壤，受渤海辽东湾季风影响，历史上形成了风口多、沙丘多、风沙大、沙化严重的自然现象。沙化区主要分布在西北十多个镇、场、区，需治理的沙化土地约20万亩。每遇春季大风，沙尘弥漫，地里播种的种子经常被大风刮跑，大量的土地沙化给当地经济发展和农民生产、生活带来了极大不便。自2000年以来，台安县积极引导农民植树造林，治理沙化土地，取得了一定成效。但以往单一大面积营造防护林，品种单一，经济利益少，农民参与植树造林积极性不高。针对这一现象，鞍山市全面启动台安县防沙治沙工程，注重将治理沙化土地与促进农民增收相结合，借鉴台安西平林场成功种植寒富苹果树林治理土地沙化的经验，投资400万元，用于台安西北部营造寒富苹果生态经济林，引导农民参与种植管理。

几十年前的西平林场遍地是黄沙，流动沙丘有6个，风口有3个，农民种粮不打粮。2003年，根据林场的沙壤土特点，林场领导从外地引进了适合本地种植的矮化密植、高耐寒性、抗旱性的寒富苹果树苗尝试林果间种。5年后，林场内治理沙化土地的效果已经显现，6个流动沙丘得到治理，3个风口封住了2个，种植寒富苹果树的6000余亩沙壤全部变成了肥沃农田，给当地农民带来了良好的经济效益。寒富苹果3年见果，5年便达到丰果期，此时亩产量可达2500公斤，每亩的纯收入有8000元。

2008年，鞍山市对寒富苹果生态经济林的种植主要以西平林场为重点，辐射其他西北部镇（场）。将6000亩沙化土地用林带分割成防护网格，在其分割地块内栽植矮化密植寒富苹果树60万株，实行整体绿色覆盖。果园栽植后，再栽植紫穗槐进行封围。全市将投入360万元用于农民种植寒富苹果树的苗木补助，并投资40万元打井，解决果树灌溉问题。自愿种植寒富苹果树的农民平均每株将得到6元的苗木补偿金，购买苗木所需的余下资金由农民自出。果树种植后，农民负责对果树进行管理看护，并可获得出售苹果的收益。通过努力，西平林场及周边镇（场）寒富苹果园的面积将达到万亩以上。

云南省临沧市特色经济林为群众增收15亿元。

近年来，云南省临沧市紧紧抓住国家高度重视林业发展的历史机遇，以中央、省委两个“九号文件”为统领，突出农民增收的核心，依托退耕还林、云南防护林、速生珍贵用材林基地、干果基地等项目建设，大力发展以核桃、茶叶、木瓜、橡胶、紫胶、澳洲坚果等为主的特色经济林产业，实现特色经济产值15亿元，为山区群众增收致富开辟了一条广阔道路。

在特色经济林产业发展中，市、县（区）林业部门按照特色经济林产业发展的方向和要求，按统一规划、集中连片、规模经营的思想，坚持适地适树、因地制宜的原则，选择经济效益好，群众乐于接受的经济树种，根据不同区域的立地条件和林业产业发展实际，突出“高海拔木瓜、花椒、核桃，中海拔核桃、茶叶，低海拔橡胶、膏桐、澳洲坚果、紫胶”的工作思路，合理布局树种。结合传统林业产业发展实际，以既能使农民脱贫增收，又能改善生态环境为标准，在高寒山区，生态最脆弱、农民最贫穷、对森林资源依赖性最强的地区，布局比种粮食更划算的木瓜、花椒等树种；在立地条件好、土壤肥沃的中海拔地区，结合国家退耕还林、干果基地建设、澜沧江防护林等生态建设工程，上规模、高质量发展核桃、茶叶、竹子等林产业原料基地；在低热河谷和重要旅游通道、景区，布局橡胶、膏桐、紫胶、澳洲坚果及风景观光林。

同时，为提高市场竞争力，始终把扶持泡核桃、木瓜、橡胶等涉林龙头企业作为工作的着力点和突破口，采取“公司＋基地＋农户”的现代产业模式，确立了龙头企业和广大农民在特色经济林产业建设中的主体地位。一是大力推行承包、租赁、股份合作等形式加大特色经济林开发。沧源、镇康县引进广东省华建集团开发有限公司，开发种植了橡胶 4 万余亩。二是不断创新造林模式。结合当地实际，在不断总结成功经验的基础上，形成了林茶、林粮、林草等造林模式。三是坚持“扶持大龙头，带动小企业”原则，培育了一大批产业链长、带动能力强的龙头企业。提升“木瓜之乡”品牌，以茅粮酒业集团和农户为主体，政府扶持为辅，为木瓜发酵酒生产建成了稳定的原料基地，为企业做大做强奠定了坚实的基础。2003 年到 2006 年，茅粮集团共收购木瓜 64450 吨，支付农户木瓜款 12213.5 万元。核桃产业的发展，以凤庆巨达食品工业有限责任公司为龙头，提升核桃产业效益，目前该公司生产的核桃食品远销北京、深圳、浙江等城市及东南亚国家。继凤庆巨达公司后，培育了云县鑫鑫食品加工核桃企业，该企业采用盐水、辣椒、花椒以及其他辅助作料生产的酥心核桃，产品除销售国内的大部分省区，同时远销日本、韩国、我国台湾等国家和地区，解决了长期性 50 多人的就业，季节性就业人数达 500 多人。云澳达坚果开发有限公司在临沧市拥有全国最大的实验示范基地、种苗基地。目前，全市已有国家级涉林龙头企业 1 个、省级 2 个、市级 1 个。

通过特色经济林产业的发展，全市的生态环境明显改善、群众收入大幅度增加、发展后劲明显增强。全市“十五”以来新发展特色经济林 282.9 万亩，累计达 405.9 万亩，总产值达 15 亿元。全市共有栽培型茶园 93.2 万亩，产量 3.58 万吨，总产值达 11 亿元，成为全省茶叶种植面积最大、产量最高、品质最优、茶文化底蕴最深厚的茶产业大市；核桃总面积达 216 万亩，“十五”以来新种植 163 万亩，产值超过 3 亿元；橡胶面积达 44 万亩，其中开割投产 17.3 万亩，产量 1.6 万吨，产值 2 亿元；紫胶面积 10 万亩，木瓜面积 28.2 万亩，膏桐面积 0.62 万亩，澳洲坚果、板栗、咖啡、花椒等 15 万亩。风庆发展以核桃为主的特色经济林，仅泡核桃面积就达 85 万亩，增加群众收入 1 亿多元，农民人均增收 238 元，全县核桃收入万元以上的农户达上千户；云县忙怀乡拉弄村共有 300 多户农户，有 200 户发展紫胶产业，年收入超过万元的有 12 户，在该村紫胶已成为农民脱贫致富的重要项目。永德、镇康县发挥自然优势，突出自身特色，种植澳洲坚果 4 万亩，成为全国最大的澳洲坚果基地。

志在荒山写春秋——记嘉祥县经济林民营大户贾庆宽。

“远看凤山石径斜，半山腰出一人家。花红柳绿青山翠，大山为家度年华。”这是对贾庆宽一家的真实写照。贾庆宽这个硬铮铮的汉子以不服输的劲头，从 2000 年起承包了该村面积达 500 亩的西凤山，6 年时间已种植杏树、柿子树、冬枣树 23200 余株。面积达 320 亩。实现了生态经济效益的“双赢”。他先后被评为（山东省）嘉祥县十佳文明市民。济宁市百佳文明市民、济宁绿化劳动模范。他所创建的“林果基地”被评为山东省绿化优质工程。

2000 年，镇里实行林权改革，决定把宜林荒山和沟路、渠两旁的植树造林任务承包下去，贾庆宽经过反复考虑觉得林西面积达 500 亩的西凤山大有文章可做，决定让这座荒芜了多年的荒山变变模样。“开弓没有回头箭，既然选择了这条路，就是再苦再难，也要坚定不移地走下去”。这是他的开篇日记写下的。2000 年春节刚过，他就投资4万元，整修了上山的道路，开垦了土地，依山建起了一溜平房，安装了电话，挖了树坑，镇党委、政府投资10万元帮他在山上打了一眼深井，负责提供1万余棵优良果树苗木，第一批果树就这样扎下了根。

为了这西凤山，为了子孙后代，再大的困难他决心赌一把。2000年5月，他把自己的房子卖掉，在山上建起了一座水塔，配置了水利设施，安装了自来水管，架起了变压器，修了三条上山路，配备了机动三轮、刨地机，修建了长40米、宽10米的蓄水池，使整座山头达到了排水畅流，流水自如，旱涝保收。

科学技术是第一生产力。种植果树更需要技术，遇到技术难题，他就查找技术资料，请教技术员找症结，查问题，制定出补救措施。天道酬勤，他栽种的果树成活率都在98%以上。

五年多的时间，沉睡的荒山焕发出勃勃生机，栽植的1万多棵果树硕果累累。2006年5月份以来光蒙阴客商收购的金太阳杏就达十万多斤，再加上秋季收获的2万斤冬枣和1万余斤柿子，一年下来预计年收益达22万元。丰厚的收益带来了巨大的动力，更加坚定了贾庆宽种植果树的决心和信心，计划再发展100亩果树，要把西凤山进一步建成为一个花园式综合果园，建成为生态林果事业的示范园。

五原县造林大户樊润生的千亩杞园梦。

樊润生，一个54岁的普通庄户人，于2006年开始了枸杞经济林种植调研考察，足迹遍布了巴彦淖尔市枸杞产区乌拉特前旗先锋镇、杭锦后旗沙海镇、五原县隆镇同联村及宁夏银川市、中宁县等地。经过实地考察，老樊掌握了枸杞生产的主要市场信息和产值效益等第一手资料，并决定建立千亩枸杞园。

老樊是个创业型农民，1997年刚刚致富的他毅然拿出全部家业，用7万元承包了防沙林场马场地作业区的一片红柳荒滩。1998年开始，隆隆的拖拉机声在这里响了近 3 个月。地整出来了。仅整地他就花去了近 30 万元。经过改造的千亩土地可以种农作物了。2000 年，老樊种了玉米、葵花等农作物近 700 亩，一年下来收入寥寥无几。用他当时的话说，那叫来五去五白贴辛苦。这下老樊犯愁了，近 40 万元的投入几时才能收回来？这使本来就没有多少家底的老樊一下子撑不住了，吃不下、睡不着，愁出了一场病，几个月下来身体也垮了，经济负担加上身体憔悴，折磨得他几乎没了人样儿。

老樊是个有心计的人，他定下神来开始找摆脱困境的路子，愁是不管用的，他相信办法总是比困难多。于是他振作起来，东凑西拼借了些启动资金，购回了一群羊，走起农牧结合的路子。几年下来，老樊虽然没有富起来，但日子还算过得平稳，一年下来也能赚上一两万元。这年的冬天，老樊走进林业局，咨询林业政策与林业技术。优惠的林业政策，宽松的发展环境，一下子就吸引了老樊。2005 年春季造林开始，他栽植了 200 余亩高杆杨树，林带中间种了牧草，一年下来林草双收，和种植农作物相比，既减少了种植成本，又省了不少耕作费用，使他发展林草业的信心更加坚定了。

2006 年春节期间，在去乌拉特前旗走亲戚的一次偶然机会，老樊看到了枸杞，了解了枸杞的生长特性和能够带来的效益，这让他产生了浓厚的兴趣。他先到林业局咨询，后又走访了县内枸杞产区，所到之处他都有不少收获，这增加了他发展枸杞的信心。这年正月，别人都在过年，可他一直忙于奔波。经过认真考察，他决定在自己的这片荒滩上建起千亩枸杞园。他的梦想从此开始了。

为了建立千亩枸杞园，他多次到县林业局寻找技术支持，向技术人员一询问就是半天，他的执著让人感动，林业技术人员决定对他进行技术指导与支持，这样老樊心中的一块石头才算落了地。为了学好枸杞栽植技术，2006 年春秋他两次赴宁夏，枸杞这红红火火的事业让他对自己的未来充满了信心。

决心已定。2006年春季老樊一次种植枸杞150亩，当年小苗的成活率就达到了80%以上。首战告捷，老樊心里收获了多年来没有的喜悦。

2007年造林季节之前，老樊继续对枸杞产区进行考察，一走就是十多天，和枸杞种植户一聊就是一整天。考察中他看到优良新品种蒙杞一号效益更高，于是他亲自来到乌拉特前旗先锋镇的张和平家。这里是蒙杞一号的培育基地。听着介绍，看着产品，他心动了，回来时他以2.5元的单价购回了4000株枸杞苗，在自家地里栽植了20亩。秋天，蒙杞一号与同时种植的200亩宁杞对比，当年生长量明显占了上风，而且还挂了些秋果，红红的枸杞回报了为之奋斗的辛勤，老樊心里有一种说不出的成就感。

有了去年的引种经验，2008年老樊对蒙杞一号的发展信心十足，他的千亩枸杞园规划设想在心中成熟了。他要在这片荒滩上做篇大文章，建立起千亩蒙杞一号示范园，实现无公害生产，生产有机产品，为枸杞走出国门创造条件。

春天，他购回蒙杞一号大苗50000株，苗木费投资30多万元，对购回的苗木他如获至宝，按技术要求进行了贮存，在栽植的日子里，这千亩枸杞园中人群涌动，每天出工50人～60人，场面十分壮观。为了保证成活率，他对栽植工人进行了集中培训，从每个细节上都严要求、细把关，把水车拉到栽植地，苗木栽植前进行清水浸泡，栽植中指派专人进行质量检查，对不合格的及时返工。

老樊要利用三年时间把这千亩杞园全部更换品种，建成千亩蒙杞一号示范园，并以此作为基地进行蒙杞一号栽培技术试验示范，对杞农进行培训，逐步以点带面。带动周边群众发展枸杞种植业，走上富裕之路。

最后老樊信心十足地说："我的千亩枸杞园建成后，第四年进入盛果期，那时我一年的纯收入将达到300万元以上，当初那40万元的投资就成为一个不值一提的小数了”。是的，看着老樊脸上那淳朴自豪的笑容，我们为他祝福，愿枸杞这红红的事业更加红红火火，愿老樊的千亩杞园梦越做越美，早成现实。

上面列举了很多通过发展经济林发家致富的例子。每个农户家庭都可以发展经济林。但是我们在发展经济林时遇到很多问题，生产出产品不能售出，市场需求不旺或者供给太多，出现价格太低，农民亏本的现象。这些需要政府给予宏观引导，合理布局经济林品种，铺设农村网络，使农民能够及时了解市场信息，以免市场变化造成不应有的损失。同时农民朋友应该注意种植有市场的、稀缺的产品，更容易获得较高的收益。此外，技术支撑是发展经济林的重要保障。总之，发展经济林需要很多条件，市场信息、技术、资金、政策支持等等，关键是农民朋友的信心。希望经济林能够给农民朋友带来真正的经济效益。

五、薪炭林

（一）发展薪炭林的意义

森林能源不仅是广大农村的主要能源，而且是现代无污染清洁能源的载体。发展森林能源不仅能减缓农村能源短缺，增加经济收入，提高生活水平，还能保护森林资源，改善生态状况。作为五大林种之一的薪炭林，它是森林能源的主体。长期以来，由于就地消耗，绝大部分未参与流通，其价值被低估。因此，探讨薪炭林的发展具有重要的现实意义。

据联合国粮农组织（FAO）统计，世界年薪材和木炭消耗量达18.53亿立方米，占木材消耗量的54.7％，但目前的产量仍远不能满足市场需要，尚有20亿人口生活能源短缺，其中约有8.4亿人口燃料严重短缺，主要是发展中国家的农民，其中亚洲最多，为5.5亿人口。FAO预测，到2010年，世界薪材消耗量将达20亿立方米，随着农村人口的增长，薪材供需矛盾将日益尖锐。

发展薪炭林有很多益处。薪炭林的建设，既能解决困扰农民生活的“锅下愁”问题，青山绿水又为农业生产提供了良好的生态环境，实现了经济效益和社会效益双丰收。

1. 薪炭林建设是促进林业生态体系和产业体系协调发展的必然要求。目前，我国林业正处在“治理与破坏相持”的关键时期，环境和资源面临着空前压力。要从根本上解决日益严重的环境恶化、资源匮乏问题，就必须坚持可持续发展战略，正确处理经济发展与生态及资源保护的关系。建设薪炭林基地，大力发展林业生物质能源，是新时期林业壮大自身经济实力，提高持续发展能力的着力点之一。只有将薪炭林基地建设好，才能尽快弥补林业产业中制约林业发展的“短腿”，促进林业产业体系与林业生态体系的协调发展。

2. 薪炭林建设是缓解能源短缺，保证能源安全的需要。随着经济、社会的发展，能源安全已成为国家安全不可忽视的重要组成部分。能源问题直接关系到我国经济的快速增长和社会的可持续发展。我国是矿物质能源相对贫乏的国家。当代，因为石化能源的大量使用可能导致的全球气候变暖和资源枯竭的并不美好的前景，以及对可持续发展和环境保护的追求，世界将目光聚焦到了包括生物质能在内的可再生能源上。据估计，植物每年贮存的能量相当于世界既定燃料消耗的10倍，而作为能源的利用量还不到其总量的1%。因此，大力营造薪炭林，发展林业生物质能源，通过生物质能转换技术，生产各种清洁燃料，替代煤炭、石油和天然气等燃料，能有效缓解能源短缺，对改善我国能源结构，减少对石化燃料的依赖，保障我国未来能源安全，具有重大意义。

3. 薪炭林建设是加快农民脱贫致富奔小康步伐的需要。通过大力营造薪炭林，建设薪炭林基地，发展林业生物质能源，可让农民在造林过程中真正得到收益，既能增加农民的收入，又能为贫困地区的人们提供价廉、清洁的能源。这是有效解决农村贫困和农村能源供应问题，提高贫困地区农民生活水平，加快农民脱贫致富奔小康步伐的一条十分有效的途径。

4. 薪炭林建设是改善城乡生态环境状况的需要。薪炭林一般实行乔灌结合，针阔混交，可以形成比较稳定的生态群落，具有涵养水源、保持水土、净化水质、改良土壤、防止土地荒漠化等功效。据不同植被类型的坡面径流现场观察资料，灌木林透水量为12.6毫米，山杨林地为10.1毫米，松林为7毫米，草地3.1毫米，农田只有2.5毫米。目前，由于农村缺乏能源，有的地方的居民往往砍伐非薪炭林森林资源，造成严重地表植被的破坏，最后造成生态失衡，水土流失，降低土壤肥力，从而破坏农业生产链。据调查估计，全世界每年因上述原因而减产2000万吨谷物。薪炭林可以增加局部地区的降水。据林区调查，有林区比无林区降雨量可显著增加，据观测证明最高达26.6%，一般为17.4%，最低为3.8%。森林的水源涵养作用因树种年龄和郁闭度不同而异，一般阔叶林或针阔混交林中因其落叶枯枝易分解形成软腐殖质，孔隙多，所以它们的保水性和透水性要强于纯针叶林。薪炭林可以保护环境，减轻污染。由于森林能消耗二氧化碳，制造氧气，对大气、水域和土壤中的污染物质有吸收和净化的能力，它是综合治理环境污染、净化环境的有力武器。

5. 薪炭林建设周期短、见效快，经济效益高。薪炭植物的热值高，很多薪炭燃料每2千克的热值就等于1千克燃料油的热值。一般情况下，种下薪炭植物3年以后就可大量取材利用，平均每公顷可产薪材45吨，制木炭15吨，收入可达2.25元，年收入可达7500元/公顷。同时，薪炭柴不含硫等有害元素，燃烧时不污染大气，是一种清洁的燃料，燃烧后的灰粉又是很好的钾肥。

6. 薪炭林建设成本低、容易管理。发展薪炭林，成本低，依靠现有的人力物力就可办到，不需要很高的技术。薪炭林无需更新造林。麻栎等薪炭林树种萌发力强，砍伐后不需重新造林，一次造林，百年受益，节约了大量造林成本。它不仅能植苗造林，也能点播造林，不仅可以利用荒山秃岭、房前屋后，也能在田间地头植树造林。

综上所述，薪炭林发展益处很多。是农村发展适宜的选择，也是应对未来能源紧缺的非常好的方法。

（二）我国薪炭林现状

据第五次全国森林资源清查：全国林地总面积 12919.94 万公顷，其中薪炭林为 445.17 万公顷，占林地总面积的 3.4%；全国林地总蓄积 1008564.23 万立方米，其中薪炭林蓄积为 8751.43 万立方米，占林地总蓄积的 0.9%。从培育方向来看，全国人工林面积为 4666.69 万公顷，其中薪炭林面积为 60.07 万公顷，占人工林面积的 1.3%。就全国活立木总蓄积消耗量而言，年均消耗量为 37075.18 万立方米。据 1993 年全国林木资源消耗量调查，全国烧材占林木消耗总量的 29.8%，其中云南、贵州、陕西、四川等省烧材分别占全省林木资源消耗总量的 54.1%、49.0%、48.2%、46.1%。大量木材作为能源低价消耗，造成了巨大损失，严重制约着森林资源的增长和林木的合理利用。目前薪材消耗已大大超出了森林资源的合理承受能力，这不仅使森林资源遭到巨大破坏，同时也加剧了水旱灾害及水土流失和土地荒漠化的进程，并由此导致生态状况恶化。

我国每年薪炭消耗约占当年森林资源消耗的 1/3，而在森林资源中薪炭林的面积仅占 3%，蓄积量不足 1%，平均产量为 65.94 立方米/公顷，居各林种之末。毫无疑问，无论从定性还是从定量角度而论，现有薪炭林根本无法承担当今薪炭的消耗，薪炭的消耗只好由用材林、防护林等非薪炭林林种的超额采伐来补缺。尽管薪炭林在森林资源中所占比重微不足道，但所有的森林资源又都成为薪炭的主要来源。人类要生存必须解决温饱问题，而解决燃料自然成为首要问题。因地制宜、就地取材是解决燃料的主要途径。薪炭林因面积小、蓄积量少和单位产量低根本无法成为薪炭源的主流和农村燃料的主体，人们只有选择农作物秸秆、畜粪等物质和森林资源作为燃料。这样，由于农田、草地生态系统和森林生态系统被破坏，农业生产条件不断恶化、污染不断加剧，加之人口不断增长及人均占有自然资源种类和数量下降，形成了恶性循环——生态效益越来越差，经济效益越来越低，甚至出现负效益，社会效益则无从谈起，使人类赖以生存的自然环境每况愈下。造成如此后果的根本原因，是过去经济体制弊病和指导思想错误及林业经营方针的失策。在这种特殊的背景下，薪炭林经营处于如此被动局面：一方面薪炭林提供的薪炭对于农村需求的燃料只是杯水车薪，根本无济于事。为了解决燃料之需，把本来可以用做饲料、肥料、木料、原料的农作物有机物当做燃料烧掉，结果严重影响了农、林、牧、副、渔各业的发展；把本来可以提供木料、肥料、饲料、原料的用材林、防护林、特用林、经济林和竹林的森林资源降低标准或失去原有价值当做薪炭林烧掉。但因这些林种根本不具备薪炭林所具有的耐修剪、强度采樵和萌蘖力强等特点，而被毁于一旦。另一方面，薪炭林的经营处于无章可循、无计可施、无度可量、无路可走和无事可做的境地。并由此带来了一系列问题：薪炭林在森林资源中所占比例严重失调和不足；薪炭林投资机会与其他林种相比根本不均等；薪炭林生产与薪炭消耗绝对值难于平衡；薪炭林投入产出最不经济合理；薪炭林规章制度与薪炭林经营生产根本不配套；薪炭林的生产经营和科研仍处于萌芽阶段等。薪炭林建设停滞不前严重阻碍了林业发展，最终严重影响了植树造林、绿化荒山和保护森林、发展林业目标的实现。

（三）农村薪炭林管理

薪炭林在林业发展中有着举足轻重的作用，如何使薪炭林实现深度开发和广泛利用，进而实现生长、经济、社会效益的有机统一，是今后薪炭林发展的主要任务，因此，农村薪炭林需要科学的经营管理，才能满足农村的生产、生活需求，满足社会经济发展的需求。

1. 提高认识，加快薪炭林建设步伐

薪炭林是重要林种之一，也是森林资源的重要组成部分。要从发展宏观经济和保护环境的高度来认识发展薪炭林，不能局限于从单纯的群众用薪需柴问题来看待。在林区农村，特别是贫困地区薪炭林起到解决能源问题的重要作用，几乎是唯一的廉价的生活必需物资。加强薪炭林基地建设，对提高山丘区农民生活水平，改善生态环境，保护森林资源具有十分重要的作用。在人口稠密，森林资源贫乏、薪柴能源供需矛盾突出地区，由于植被遭受严重破坏，水土流失加剧，生态环境处于恶性循环之中，直接影响农民的生产生活，严重制约农村经济发展，应加快这些地区的薪炭林建设步伐。对此，各级党政、林业部门必须提高认识，付诸行动。

根据树种的不同，薪炭林具有不同的适应性，无论是坝上高原，还是山区，无论是阴坡还是阳坡，无论土壤肥沃还是贫瘠，无论是干旱的山脊还是涝洼的河滩，都有薪炭林分布，说明薪炭林具有较强的适应性和广泛的发展空间。在对现有薪炭林加强管护的同时，结合林业生态项目的实施，对适宜薪炭林生长的荒山荒地进行合理规划，按照适地适树、科学规划的原则，有重点地选育薪炭林苗木，如柞树、沙棘、槐树、山丁子、紫穗槐、刺槐等，加快建设速度，提高营造林木质量。

2. 坚持发展薪炭林

薪炭林在解决农村能源危机中起了至关重要的作用。所以，要解决农村能源短缺，降低低价值消耗，有效保护其他林种，就必须大力发展薪炭林。近几年来，世界营造薪炭林的规模在扩大，速度在加快。例如：印度把营造薪炭林作为发展农村能源的战略重点，在 20 世纪 80 年代，印度就提出了“新能源的构想”，一方面大力发展新能源（沼气、太阳能），一方面大力发展薪炭林；韩国、土耳其等国家也进行了大规模造林。这些国家薪炭林在农村能源供应方面起了重要作用。而我国薪炭林的发展速度慢，年均新造的薪炭林面积仅占人工造林面积的 1.3%。所以在今后的营造林模式中，应加大薪炭林的比例，积极营造速生、短轮伐期的薪炭林，坚持“谁造谁有，谁经营，谁受益”的政策，鼓励单位和个人承包或租赁有偿使用荒山荒地营造薪炭林基地，结合封育、管护使这一洁净能源成为农村经济增长点，从而有效地保护其他林种。

3. 资金投入，确保薪炭林建设持续发展

资金投入是薪炭林建设的关键。各级各有关部门要想方设法增加薪炭林建设投入，站在实践“三个代表”重要思想的高度，为民办实事，努力解决农民烧柴问题，促进农民增收。建议国家每年安排一定数量的资金用于薪炭林建设。在政策上，一是对薪炭林进行专门的政策性投入；二是结合农业结构调整、扶贫开发、山地开发、西部开发等，增加薪炭林建设的政策性投入；三是对薪炭林经营和利用减免规费税费；四要广泛吸纳社会资金。要调动社会各方面投资薪炭林建设的积极性。鼓励各种社会主体通过承包、租赁、转让、拍卖等形式参与薪炭林建设，实现投资主体多元化。

4. 农村能源消耗结构

目前，我国农村能源消耗结构极不合理，特别是山区农村木质能源消费量占总能源消费量的 90%以上，而且热能利用率很低，使森林资源造成极大的浪费。因此，必须采取多能利用、多能互补的政策，积极发展新能源。新能源的开发途径主要有：沼气、太阳能、小水电和风能等。通过新能源的开发利用，逐步把薪材消费比重降下来。同时应加大研究、开发森林能源转换技术的力度，提高热能效率，减少消耗。

5. 严格管护，科学经营

为充分发挥现有薪炭林的经济效益、社会效益和生态效益，对现有薪炭林的山场和地块实行承包或安排专人看管，落实到人，把薪炭林的管理纳入法制化轨道，严禁掠青采摘果实，严禁滥采和滥伐薪炭林木，实行有计划采伐（割）。适时掌握采伐（割）季节，确保伐后萌生出健壮株（丛），以充分发挥其生态效益。要及时防治病虫害，确保果实优质丰产，尽量避免大小年现象发生，减少由此带来的经济损失。

6. 增加农村能源基本建设的资金投入

我国农村农民生活水平地域差别很大，贫困山区经济收入低，靠自身经济能力进行改灶节能难度很大。对此，国家应在财政、投资、信贷、税收、价格等方面给予优惠政策，地方在财政预算时应留足资金用于农村能源基本建设。通过国家、集体、个人多渠道、多层次筹措建设资金的办法，确保农村能源基本建设按规划的目标实施。

7. 依法治林、加强管护措施，巩固建设成果

对薪炭林建设要采取切实可行、行之有效的组织领导，制定严格的规章条约，同时加强宣传普及，建立专门的看山员队伍，搞好薪炭林的管理和保护。做到“四防”：防火、防虫、防盗、防滥伐，保障薪炭林建设的顺利进行。

8. 合理开发，永续利用

逐步引导农民摆脱单纯依赖薪炭林取暖做饭的片面做法，对于经济效益较高的树种开发，要积极引外联，争取资金和项目，实施深度加工利用。有重点地实行林药、林草间作，提高林地利用率和商品产出率。

（四）我国薪炭林发展前景

今后随着生产的发展、人口的增长和人民生活的改善，农村能

源消耗量将越来越大，供需矛盾将更加突出。这是发展薪炭林的必然趋势。根据上述情况，有关部门已经制定了森林能源的发展规划，到 21 世纪把薪炭林作为重要林种纳入国家能源规划，同时积极开展此项研究和推广工作。以便更好地满足广大农村对能源的需求。

我国农村人口占 80%，据 20 世纪 80 年代末统计，严重缺柴户（指 1 年中缺柴达 3～6 个月）占 47.7%。黑龙江省地域辽阔，物产资源丰富，但是，长期以来由于对农村能源重视不够，致使农村生活能源问题愈来愈突出，已到了必须解决的地步。在全省的 368 万农户中，缺柴竟达 225 万户，其中严重缺柴近百万户。所以，解决农村烧柴已是非常迫切的问题，必须采取切实可行措施。否则，就会使农田肥力减退，森林、草原遭到破坏，生态失去平衡，阻碍农林牧各业的全面发展，造成生态和经济的恶性循环。

薪炭林作为一种可再生的生物能源，是太阳能转化为化学能最廉价的方式，同时还能起到防风固沙、保持水土、改善气候、促进生态平衡的作用，具有适应广泛，经营简便、使用安全、成本低、收益大、可再生、不污染环境等特点。如果能对其进行合理的经营管理和利用，不仅可以缓解长期以来农村生活能源短缺的矛盾，而且又改善了生态景观，美化了环境。正因为薪炭林有其他诸能无可比拟的优越性，即使在矿物能、电能、风能、地热能得到大力开发，并以突飞猛进的速度发展的今天，薪炭林这种既古老又年轻的能源，在解决农村生活用能中，仍占有重要地位。如黑龙江省地处高纬度地区，冬季漫长而严寒，取暖期长达 6 个月之久，依据其能源分布现状和目前的财力、运输状况，把更多的矿物能源供给农村是不现实的。沼气、太阳能在冬季取暖方面又受到技术和经济条件的限制，所以农村生活用能应从现有条件出发，发展薪炭林不仅是解决农村能源的长久之计，而且也是正确处理农、林、牧三者关系，使农村经济持续、稳步、协调发展的基本措施。因此，大力发展薪炭林意义重大深远。

薪炭林是人们熟悉和利用最早的林种，但是，长期以来，人们利用有余，研究不足。随着人口的增加，工业的发展，矿物能源越来越紧张，薪炭林的研究才被重视起来。但到目前为止，尚未获得重大突破，现在世界各国发展薪炭林，都极其重视引种、选种、短轮伐速生能源林的经营工作，以期用最少的投资和较短的时间获得最大的经济效益和社会效益。1981 年我国开始有计划地建设薪炭林，至 1995 年，全国累计营造薪炭林 494.8 万公顷，其中“六五”完成 205 万公顷，“七五”完成 186.3 万公顷，“八五”完成 103.5 万公顷。根据这些年全国造林成效调查，薪炭林成林面积和单位面积年生物量测算，薪炭林年增加薪材量 2000 万～2500 万，它对缓解农村能源短缺起到了重要作用。

六、特种用途林

特种用途林，是以国防、环境保护、开展科学实验等特殊用途为主要目的的天然林或人工林。它包括国防林、实验林、母树林、环境保护林、风景林，名胜古迹和革命纪念地的林木及自然保护区的森林等。

特种用途林对人类社会物质文明建设和生存发展具有重要意义。

母树林用于繁殖良种和保存长期自然演化过程中形成的珍贵种质资源。利用优良天然林或人工林优良林地，经过去劣存优的疏伐改良，为生产遗传品质较好的初级改良种子而建立的专供采种的林地。

环境保护林以保护、改善和美化环境为目的，包括城市环境林、卫生保健林、风景林、森林公园及自然保护区等，以提高人们生存的环境质量。

实验林是为研究目的，采取定位或半定位等手段对一些特殊林分进行科学实验，以提示不同类型森林生态系统物质与能量运转的规律，为合理开发利用天然林和人工造林提供科学依据。

名胜古迹林与革命纪念地的林木，风景优美，且历史悠久，或具有纪念意义，有些古树树龄达数百年、甚至上千年，蕴涵着珍贵的遗传基因，有较高的观赏价值。

特种用途林属于林木资源的一部分，也和农村有着密切的联系。国家在相关的法律中规定了特种用途林的保护与利用的权限。各地也针对特种用途林制定了专门的条例。特种用途林和农民日常生活也有着密切的联系，比如环境保护林，母树林等，农村由于各种需要，都可能对特种用途林造成损害。因此，在产权清晰的基础上，各地应进行大量的宣传，提高农民保护特种用途林的意识，适当利用特种用途林。达到保护与利用相结合的可持续发展目标。

第四章　林下产业发展

对于林业相关的知识，前面几章节已经做了很多阐述，林业的发展，不仅仅靠收入木材。随着人类社会的发展，对木材的需求在不断的增长，林业面临着短期利益和长远发展的选择。林业的发展已经受到威胁。此外林业大部分在山区，也就是与农村有着割不断的联系。农村经济落后，耕地效益并不理想，农民赚钱无门。因此，农民的目光放在了有丰富资源的森林里，森林里有价值不菲的野生植物和野生动物，因为有需求，农民开始不顾一切地采集野生植物、猎杀野生动物、砍伐森林里的树木等，森林的林木没有了、植物采完了、动物灭绝了，森林变成贫瘠的荒山，农民没有资源可采，又回到了以往贫穷的日子。造成了村庄与森林的不和谐。为了解决这一问题，既实现森林的可持续发展，又达到社会经济的增长，依托森林生态系统发展的林下产业应运而生。

一、林下产业概述

（一）林下产业的含义

林下产业开发是以林业生态经济理论为指导，遵循自然生物生态系统和能量流动规律，以林地、林木资源为依托，合理利用林下土地资源和空间环境条件，按照规模化、产业化、市场化组织开展的林下经济活动。林下产业是一种新兴的绿色产业。其借助林地的生态环境，利用林地资源，在林冠下开展林、农、牧等多种项目的复合经营。它使林地既是生态保护带又是综合经济带，能变林业资源优势为经济优势，使林地的长、中、短期效益有机结合，极大地增加林地附加值。林下经济系统是按照生态工程学的原理，完善整个林地生态系统的物质循环和能量流动，充分利用自然资源，提高系统的转化率，以促进林、种、畜、牧业的协调发展，从而取得良好的生态、经济和社会效益。

林下经济发展较多的是林牧复合系统，主要表现形式为林下养殖，它包括林畜养殖、林禽养殖以及林下特种养殖等。近年来，随着我国林业“六大工程”的深入实施和社会林业的快速发展，森林资源不断增加，尤其是平原速生丰产林的异军突起，不少地方开始利用林下自然环境条件大力发展林下种养业，有的已经具备了产业化的雏形，收到了良好效果。在保持林业生态平衡的前提下，科学开发林下资源，大力发展绿色循环经济，体现生态、经济和社会效益，利国、惠民、泽林，符合多方面的利益要求，是一种多赢的选择。

（二）我国发展林下产业的意义

1. 节约土地资源

我国是一个农业大国，我国人多地少，人均耕地只有世界平均水平的1/4，节约和高效利用土地资源是国家的一项长期发展战略。利用林下资源环境条件。大力发展林粮、林棉、林菜、林草、林药、林菌、林禽、林畜多目标、立体化复合经营，把林下闲置的土地高效地利用起来，有效缓解了林农矛盾，为国家节约大量的土地资源，符合当前我国发展循环经济，建立节约型社会的客观要求，具有重要的现实意义和长远意义。

2. 改善人居环境

把森林作为养殖场，使得禽畜养殖区远离居民区，改变了人畜混居的传统习惯，减少了病菌传染，改善了居住环境，改变了村容村貌。食用菌种植，过去主要在室内进行，由于真菌子实体在成熟阶段会散发大量孢子粉，室内种植会使空气中孢子粉浓度高，长期接触会引起肺炎，而林内种植可有效避免这种情况的发生。可以说，林下产业开发是综合体现“生产发展、生活富裕、生态良好”的典范模式。

3. 建立良性循环生物链

人工造林地在郁闭之前，林下空间大，光、热、水、气条件和一般耕地没有大的差异，可以在林内间作绿色经济作物，在耕作的同时，对林木生长起到以耕代抚的效果。林地郁闭后，林内荫蔽但有一定的散射光，空气新鲜，环境清洁，林下空气湿度大，适宜发展禽畜和食用菌类。林下野草和昆虫可作为禽畜食物，也减少了林木虫源；林下枯枝落叶可作为食用菌营养源，禽畜粪便和食用菌废料又成为林木生长的肥源，从而形成一个互利共生、协调发展的良性循环生物、生态链，促进了森林生态系统的物质和能量的快速、高效转换利用。据测算，发展林下经济的林份，林木生长量比一般林地平均高15%～20%。

4. 增加农民收入

在全面建设小康社会中，人们将更多关注健康和生活质量，对绿色有机食品和天然产品的需求将进一步增长。由于林下活动空间大，环境条件好，森林生物处于半野生状态，产品无污染、质量高，具有绿色、环保、时尚的特点，深受广大消费者青睐。根据初步调查，林下特种经济开发每亩年收入千元以上，高者上万元。林木、林下立体开发，两条腿走路，成为农民真正的绿色银行，对促进农民增收，调整农业产业结构，缓解农林矛盾都具有重要意义。当前，我国农村人才、技术、资金条件比较落后，农民对土地的依赖程度仍然较高，短期内不可能依赖高新技术来实现农民增收，林下种养业容易被农民所接受。在市场经济条件下，林业只有让农民得到实惠，农民才会有积极性，林业才能持续不断地发展。

5. 实现以短养长

林木产业经营周期长、前期投入大、见效慢，即使是速生丰产林，进入主伐期，也需要10年左右的时间，市场化开发难度大。有些林业经营企业、造林大户，由于后续资金跟不上，使得企业在经营上捉襟见肘，举步维艰，有的企业因此而导致破产。林业立体开发可充分发挥资源与环境效能，盘活林业存量资产，达到近期得利、长期得林、远近结合、以短补长、长短协调发展的产业化效应，提高林业自身的可持续发展能力。

6. 有利于林业的可持续发展

通过上面的优点介绍，发展林下产业，使得农民的注意力不再是砍伐木材，而是营造和保护林地，以期在林地下发展各种高效益的产业。这样，林业在生长期能够得到较好的维护，农民也能从维护林木中获取丰厚的收益。此为一举多得。对于林业的长远发展有很大的推动作用，也能保证林业的可持续发展。

二、我国林下产业发展现状

我国林下经营形式出现较早。其发展重点大致可分为三个阶段。第一阶段，20世纪80年代初至90年代末，是我国林业理论探索最活跃时期。随着林业生态经济理论逐渐发展，系统林业思想逐步形成，林业的多功能和多目标特点得到认识和体现。农村经济体制改革和林业“三定”政策落实以后，随着个体林业的兴起，农林复合经营得到一定发展。这一阶段，除一般的林粮间作之外，比较典型的有南方的林渔、林鸭、桑基鱼塘，北方的林参、林蛙、林菌等复合经营模式。这一时期的林下经济开发规模较小，仅仅是一般的林下经济活动，尚谈不上产业化。第二阶段，1998年至2003年。“南北洪涝灾害”以后，林业的生态作用受到全社会的空前重视，国家启动了天然林保护工程，重点林区传统的“木材经济”受到严格制约，过去林区“依靠木材求生存”的观念和“独木支撑求发展”的经济格局，已不能适应林业发展要求，林区经济开始转轨变型，林产多种经营和林下经济得到较快发展。这一时期，发展重点集中在东北林区和西南林区。第三阶段，2003 年至今。以 2003 年 6 月《中共中央国务院关于加快林业发展的决定》出台实施为标志，以可持续发展理论为基础的现代林业思想日臻成熟，林业“六大工程”全面展开，林业产权制度改革进一步落实，非公有制林业蓬勃发展，以工程造林为带动，个体大户造林、企业造林精彩纷呈，林业规模化步伐明显加快，防沙治沙、退耕还林后续产业迅速发展，林下资源产业化开发伴随成长，一批典型模式相继浮出，吉林、黑龙江、辽宁、山东、江苏、广西、云南、贵州、北京等地发展较快。吉林省在天然林禁伐后及时转变观念，大力发展林下产业，变副业为主业，近年来全省发展林下食用菌、药材 1.2 万公顷，放养梅花鹿、野猪、黑熊 20 多万头，林蛙 22 亿只、雉鸡 20 多万只；林下野生动植物种养及加工年产值 100 亿元以上，每年围绕森林资源开发形成的经济总量已超过 600 亿元。山东菏泽市大力发展“上林下草、上林下药”等多种立体开发模式，全市建立了 51 个 13.3 公顷以上成方连片的示范点，在林下发展牧草、中药材、蔬菜 7.13 万公顷。贵州省在 20 多个县推广林鸡模式，深受广大农民欢迎。北京市为纪念“国际防治荒漠化年”暨第十二个“6・17”国际荒漠化防治日，2006 年 6 月，相关单位共同组织开展了“发展林下经济，推动新农村建设”系列活动。

三、林下产业的发展模式

（一）林菌模式

食用菌是营养丰富，健康的食物之一，备受消费者青睐。因此食用菌在市场需求的促进下，不断发展。一直以来食用菌栽培所受的限制主要是原料和环境。食用菌大多要用木材和草类物质作为培基，但是木材资源的枯竭限制了食用菌的发展。由于食用菌价格较高，盈利水平较好，种植者为了追求短期利益，砍伐木材种食用菌，对林业资源造成极大的损失。因此必须想出一个两全的方法，既满足种植户发展食用菌的需求，又能保护林业资源，于是产生了林菌模式。

林菌模式是利用林阴下空气湿度大、氧气充足，光照强度低、昼夜温差小的特点，以林地废弃枝条为部分营养源，在郁闭的林下种植茹、木耳等食用菌。这种栽培模式既利用了废弃的枝条，又利用了林下的自然微生物环境。生产食用菌绿色健康，能够很好地满足市场的需求，降低生产成本，提高种植户的收益。

（二）林牧模式

人类社会的发展，伴随着对动物肉品的需求，因而产生了养殖业，养殖业的发展经历了圈养、放养等模式。为了追求高效生产，人们将动物进行了产业链经营，标准化生产。建造饲养舍，封闭式管理，期望得到最大的产量和较高的收益。因此，不断缩短动物的生长周期，采用催肥剂、药物、合成饲料来养殖。这样生产出来的肉产品可能含有对人体有害的物质，不具绿色环保性。因此，为了让饲养业回归自然，让生产出的肉产品和野生动物的品质相同，让正在生长期的林业资源产生应有的价值，于是就有了林牧结合的模式。

林牧模式就是在林下放养或圈养肉牛、奶牛、肉羊、肉兔、肉鹅、肉鸡、肉鸭等，在林下种植多种营养丰富的植物，有效利用林下昆虫、小动物及杂草多的资源，使饲养动物能够享受自然环境，自行捕食，既省去饲养员天天喂食，又能使动物精神放松，提高肉、蛋产量。为养殖户创造了较高的经济效益，同时林木资源也得到了合理利用与保护。

1. 林禽模式

适宜在造林密度较小的林间进行。因为林下透光性好、空气流通性强、湿度低。主要养殖鸡鸭类，围网放养和舍饲结合，但围网放养的存养量每公顷应在3000只～6000只为宜，舍饲要求每公顷应不少于5个，且分布均匀，否则，容易引起土壤沙化。当然各地林地土壤结构不同，气候不同，养殖的禽类也会有所不同。比如贵州喀斯特地貌林区就进行了鸡的饲养。贵州赤水竹乡进行了乌骨鸡的林下生态养殖。

2. 林畜模式

林畜模式适宜在造林密度小、宽窄行设置、行间间种牧草的林间进行。主要养殖牛、羊、猪等，但需砖墙围栏或铁丝网围栏，进行放养，每公顷以200头～500头为宜，且造林地的树龄应在4年以上，否则，会使林木遭到破坏。

3. 林下特种养殖模式

除了猪、牛、羊等普通家畜养殖外，还有许多对珍稀动物产品的市场需求，因此为林下饲养珍稀动物提供了市场空间。林下珍稀动物养殖，市场状况很难把握，另技术难度各异，操作起来比较复杂，需要有专业的技术人员指导和对市场充分的调研，才能进行。但因为是珍稀动物，市场供应较少，价格较高，因此收益也较高。林下特种养殖的动物种类主要有狐狸、貂、貉、野兔等。

4. 林下混养模式

林下混养模式是一种级别更高、效益更高的复合经营模式。根据互惠互利原则，按照不同种类的特点和习性，采取灵活多样的混养模式，可以改善生物、生态链，充分利用能量和空间环境，取得更高的效益。林下混养模式有林——鸡——兔模式、林——羊——鸭模式、林——狐——貂（貉）模式等。

（三）林药模式

1. 人工林的药材间作

人工林通常是人工开垦的荒地、荒山栽植的树类，退耕还林是耕地上栽植的树类，一般为杨树、柳树、水曲柳、落叶松、樟子松等。

（1）杨树、柳树类的药材间作：行距一般 2 米，株距 1 米～2 米，在 2 米宽空中间种。1 年～3 年内树冠较小，可以作畦间作的药材品种有龙胆草、防风、柴胡等品种，可以垄作黄芩、绵黄芪、板蓝根、远志等品种。3 年后，树冠变大可以间作细辛、龙胆草、柴胡、三七等品种。也可间作大力子、水飞蓟等耐瘠品种。

（2）落叶松、樟子松林的药材间作：在落叶松 1 年～3 年的苗期和樟子松 1 年～5 年期间可以间作甘草、防风、柴胡、苏子、板蓝根、桔梗、龙胆草、绵黄蔑等品种。当落叶松、樟子松树冠变大以后大多数药材不宜间作，可选喜阴的品种柴胡、细辛、天南星、三七、天麻等。

2. 防护林的药材间作

（1）路边、田边防护林的间作：所选用的品种同人工林地药材品种相同。树冠长大后可选择刺五加、防风、大力子、水飞蓟、苍耳等品种。

（2）防沙固土林地：在退耕还林的沙土地、河边荒地可栽植枸杞。行距 2 米，株距 1 米～2 米的空间种植甘草、防风、黄芪等根类药材。枸杞 3 年～5 年后丛生，树冠大，能起到防风固沙，防止水土流失的作用，河边地过水后仍能正常生存，同时达到了退耕还林的目的。

3. 天然林、次生林的药材间作

天然林一般生长着株距不等、疏密不均的各种杂木，如杨树、桦树、榆树、柞树等树种。适宜间作的药材有四种。

（1）五味子的林药间作：栽植五味子需要进行清林，方法是隔两米清两米，清除空带内的榛柴和各类灌木。在空带中栽苗，中间留 1.2 米宽的人行道，以便于管理和收获，行距形成了 1.2 米～2.8 米，株距 0.5 米～1 米，形成亩保苗株 340 株～670 株。在管理时将五味子的蔓顺在没清的2米宽带榛柴和杂棵上作支架，控制蔓在生长时不要爬上树，避免长得过高不利于采收果实。

(2) 穿山龙的林药间作：穿山龙适宜次生林阴湿的环境生长，在清林时清2米留1米不清，在清过的空带中栽种穿山龙种根，中间留人行道1.5米，形成行距1.5米，株距30厘米～50厘米，穿山龙出苗后爬在1米宽没清的灌木棵上作支架。

(3) 刺五加的林药间作：栽植刺五加需要全面清林，亩保苗800株～1000株为宜，注意栽植时不要栽在树根下，要离开树根半米以上为宜。

(4) 其他可间作的品种：在天然林清林的情况下可以种植铃兰、鹿药、老苍芹、柴胡等品种。在天然林不清林的情况下可以种植福寿草、鹿草等品种。另外，林中林缘生长的药材还有：蒲公英、地榆、萱草、石松、银线草、荨麻、寄生、石竹、剪秋罗、王不留行、乌头、升麻、铁线连、草芍药、白头翁、三棵针、山豆根、落新妇、稠李、绣线菊、黄柏、卫予、千屈菜、金丝桃、柳兰、暴马子、益母草、列当、忍冬、接骨木、羊乳、苍术、返魂草、龙须菜、轮叶贝母、野火球、百合等诸多品种。

(四) 林粮模式

目前，随着生活水平的提高，对小杂粮的需求不断增加，市场前景广阔，经济效益非常可观。林下套种一般的是绿豆、豌豆等小杂粮。

(五) 林油模式

油料作物属浅根作物，具有固氮根瘤菌，不与林木争肥争水，且又覆盖地表，防止水土流失，提高土壤肥力，一般以花生、大豆为主。

(六) 林菜模式

根据林间光照强弱及各种蔬菜的不同需光特性科学地选择种植

种类、品种，也可根据二者的生长季节差异选择品种。如利用春季林间光照种植蒜苗、菠菜、洋葱等蔬菜。

（七）林草模式

在郁闭度70%～80%以下的林地，适宜发展林草模式。有选择地种植不同种类的优质牧草，如紫花苜蓿、黑麦草、卢梅克斯等优质饲草，一年收3茬，每公顷产鲜草90000千克，可出售鲜饲草，也可放养畜禽，每公顷净收益3.75万元以上。还可以在林下种植园林绿化的草坪，收入更高。

（八）复合模式

复合模式即包括以上几个综合的模式，形成立体或者循环种养模式。如利用林下种植的牧草，作为奶牛、羊、鹅等草食性动物饲料，放牧鹅等动物；利用修剪的林木枝条粉碎作为种植食用菌的袋料，利用食用菌生产的袋料废弃物作为林下牧草或林木生长营养，也可作为水产的饲料来源。

（九）林蝉模式

林蝉模式即在郁闭的树行间浅埋孵化好的蝉卵枝条，养殖金蝉18～24个月即可收获，收益较高。

四、林下产业发展案例研究

由于人地矛盾、人林矛盾的突出，人们不得不寻找各种缓解矛盾的方式，在人们对自然规律认识的基础上，开发了很多遵循自然规律，又缓解矛盾的方法。其中林下产业是其中一种，其利用方式多种多样，值得我们推广借鉴。下面将列举一些各地发展林下产业的案例，各有特色，收益颇丰，效果明显，希望能给大家参考。

（一）北京市林下经济发展实例

北京是建设防护林的主要地方，速生丰产林是北京防风治沙的主要方式，这些林木生长得高大茂密使得林间阴凉宽敞，这让市绿化部门想到，利用林下空间种植经济作物。这样既节约土地资源促进森林可持续发展，还优化了农业产业结构、增加了农民收入。

这些年，北京的林子越种越多，在改善生态环境的同时，也给农民带来了致富增收的新路子——发展林下经济。别小看林子下边的那点空地儿，栽花、种菜、养鸡、培育药材，样样不少挣钱。据统计，2008 年北京市 16 万亩林下经济产值突破了 12 亿元，直接带动了 24 万农民就业。2009 年京郊还要再发展 3 万亩林下经济。

怀柔区坚持走生态林与经济林结合、林果业与药材、养殖产业相结合的立体式综合开发路子，使荒山变成取之不尽、用之不竭的"聚宝盆"，目前全区已有 9 镇乡发展林下经济 6000 亩，年增加农民收入 600 多万元。

怀柔区林地资源丰富，有林地面积达 226.7 万亩。围绕如何做活林业经济，怀柔区积极引导广大农民以林地资源为依托，以科技为支撑，选择适合林下生长的食用菌、牧草、家禽，进行合理种植、饲养等复合型生产经营，使农林牧各业实现资源共享、优势互补、循环相生、协调发展，从而形成了林、牧、农三位一体的循环经济链条，丰富了农民的钱袋子。在不影响树木生长的条件下，他们提高土地复种指数，挖掘林业生产力，因地制宜开发林花、林粮、林药、林蔬、林禽、林菌等六种林下经济模式，并出台了优惠政策，在发放小额贷款、雏鸡放养、饲养技术等方面给予扶持，走出了一条循环农业生态发展之路。

林下经济模式推广后，不仅可以盘活生态林和经济果林的林下空间，还缓解了林地养护带来的费用压力，并为农民开辟多种增收渠道。在果林中养鸡，既可使鸡在大自然中成长快、肉质好、营养价值高，同时鸡捕食害虫，减少了林地中的病虫害，鸡粪又可作树木的肥料，促进林果生长。琉璃庙镇发展林下经济，选择适合林下生长的大豆等农作物和柴鸡等家禽开展了林下种植、养殖，发展林下产业800余亩，饲养柴鸡5万余只，柴鸡蛋销往北京、天津等大城市，供不应求，农民人均年增收1000元。

每年春季，北京市门头沟区妙峰山高山玫瑰园内的万亩玫瑰花盛开，满山遍野的玫瑰花吸引了成千上万游客前来赏花。而备受消费者青睐的玫瑰露、玫瑰精油、玫瑰酱等深加工产品，每年也能为当地创下500万元收入。玫瑰花不仅成为妙峰山的特色产业，也成为北京林下经济的一个新亮点。

据妙峰山镇副镇长介绍，妙峰山引种玫瑰早在1958年，当时只是为了丰富景区植物品种，数量也仅有十几株。由于玫瑰的萌蘖性很强，几年后就变成了几十株，逐渐在景区内形成气候。近年来，妙峰山镇紧紧围绕玫瑰这一特色产品，不断延伸产业链条，在玫瑰的观赏、采摘、深加工等方面均取得较好经济收益。

除以上案例，还有其他区县的模式，一是密云县推广的林草模式。他们在太师屯镇前南台、后南台、黑古沿村，选择抗病抗虫、易于繁育、群众乐于接受的欧美杨新品种作为退耕还林树种在3000亩河滩沙地上营造速生林，同时林下种草养畜，年产牧草每亩600公斤，使退耕地迅速发挥生态效益和经济效益；二是平谷区推广的林药模式。黄松峪镇在林间空地间种柴胡、防风、黄芩、金银花、西洋参等药材5000亩，实行半野化栽培，并积极培育主导产品市场。林下种植中药材，折合每亩年收入500元～700元，不仅有效地改善了生态，还给农民带来了可观的经济效益；三是延庆县推广的林牧模式。延庆县北张庄镇在坡地栽植四倍体刺槐，林间种植牧草，发展奶牛、肉羊等养殖业。四倍体刺槐的叶子和牧草，舍饲喂养牛羊，槐花又是优良的蜜源植物。目前，该镇依托这一模式养牛100头、羊5000只、蜂900箱，年人均增收900元，为林下经济产业发展提供了范例。

此外，门头沟斋堂村的农民朋友还在核桃林里种植药用黄芩。

“黄芩浑身都是宝。”当地村民介绍，利用黄芩的茎、叶加工黄芩茶，每亩一年的收入可以达到400元。3年后加工根的收益，每亩黄芩收入可增至700元，年总收入达到31万元，平均每户可以增收1.6万元。

北京市林下经济有林菌、林禽、林药、林花、林桑、林草、林粮、林蔬、林油和林瓜等10种模式，林下经济发展主要集中在昌平、大兴、房山、海淀、怀柔、门头沟、平谷、顺义、通州、延庆、密云等11个区县。

此外，北京市还将采取“农户＋协会＋企业”的形式，通过在全市建立合理的收购和加工网点，增加、开发产品种类等多种形式，加强林桑、林菌等产业链条建设，确保农民增收致富，防止产业发展大起大落。

（二）天津市林下特色经济发展案例

林下特色经济是天津市近几年农业生产领域涌现的新生事物。它是充分利用林下土地资源和林阴优势从事林下种植、养殖等立体复合生产经营，从而使农林牧各业实现资源共享、优势互补、循环相生、协调发展的生态农业模式。天津市林业建设的快速发展，为发展林下经济提供了条件。目前全市林地经济发展面积已达18万亩，成为农民增收的新亮点。我国各地可利用的林地很多，不少地方正开展春季造林。但林业生产周期长，为使农民尽快从植树中收到效益，合理开发利用这些林地，搞林下种养，以短养长，延长生态林产业链条，无疑为农民增收开拓了新路子。天津市林下经济的成功做法，值得各地借鉴。

1. 静海县台头镇——林下种菇增收快

目前，静海县共造林10余万亩，为使种树农户增收，静海县发展“林下经济”，在林间建成食用菌基地和散养鸡基地5000亩，生态林业的建设、林下经济的开发让农户实现了增收致富。

台头、独流、王口、良王庄等乡镇，新植杨树等乔木3万多亩，东到子牙河，南到静文路1.8万多亩的范围内已有林地面积1.6万多亩。农户种植的是速生杨树，但要形成林木，并产生经济价值需要5到10年时间。为使农户尽快从种树中获得收益，静海县推行林下经济，延伸生态林产业链条。在政府引导下，农户纷纷在林中养鸡、鸭、鹅、雁等禽类及种植香菇、蘑菇等菌类。

台头镇万亩立体林间经济示范区负责人介绍说，一个种植棚种植1000个菌棒，每个菌棒出蘑菇1斤半，仅此项年效益占全村经济效益的30%，促进了农民增收。利用林地，从3月下旬到10月，温室大棚中种植菌棒，到冬天就有蘑菇了，每斤蘑菇卖3元钱，一亩地纯收入能达到8000元到1万元。

静海县2009年规划建设占地12万亩、新增造林面积6万亩的林海循环农业示范区，主要用于发展林下经济。

2. 宝坻区牛家牌乡——林下养鸡效益高

宝坻区拥有5万多亩的可利用林地，境内已栽种速生杨树100多万株，占地2万多亩。林木集中栽种地区青南已形成万亩生态林，也是当地生态旅游胜地。丰富的林业资源和便利的交通为当地发展林下经济提供了得天独厚的条件。从2005年起，当地开始发展林下散养鸡基地，很快打出品牌，打开市场。随后，林下养殖规模不断发展壮大，养殖种类增加，经济效益越来越好。

在宝坻区牛家牌乡青南万亩生态林内的森泉生态养殖场，但见绿树成林，渠水长流，一只只壮硕的柴鸡在林中草地觅食，成群的白鹅扑腾着翅膀跑向树林深处。“现在柴鸡的存栏量已经超过了2万只，年底的目标是达到5万只。目前柴鸡蛋销量很好，一公斤能卖到10块多钱，林下养鸡不仅创造了经济效益，而且实现了生态循环，鸡吃林地里的虫草，鸡粪又肥了地，促进树的生长，真是一举两得。”看着林阴下自由觅食的散养鸡，养殖场的总经理郭昕向人们介绍时显得十分兴奋。

目前全乡共有林下食用菌棚1521个。林下散养蛋鸡、棚养蛋鸡、散养肉鸡存栏分别达到了6万只、15万只和8万只，有5000多人在青南万亩生态林区内长期从事林下产业。

3. 蓟县西龙虎峪镇——种菇养禽双丰收

蓟县西龙虎峪镇生态林基地拥有涵养水源生态林地1万亩。该镇自2005年发展林下经济以来，现已形成“林菌”、“林禽”两种林下经济模式。其中，“林菌”模式占地240亩，建有晾棚120个，涉及农户20户，品种有木耳、平菇和香菇等食用菌；“林禽”模式占地10亩，有藏山庄1家农户养鸡6000只。以2008年市场价格测算，“林菌”模式每亩每年收益1万元左右，全年预计收入240万元；“林禽”模式每亩每年收益9万元，全年预计收入90万元。2008年，该镇林下经济预计收入330万元。这种农业经济发展模式，已经成为促进农民增收致富的重要渠道之一。

人们来到西龙虎峪镇的防护林里，只见一排排食用菌大棚整齐有序地搭建在林地间，农户正在大棚里忙着采摘。该镇蔡三庄村的食用菌种植大户周国梁说，在林间空地种植食用菌发展林间经济，不但有效利用了林下的闲置土地，而且效益也非常可观。“我这十几亩地每年的纯收入能达到十几万元呢！”周国梁说。

目前，全镇已发展香菇、双孢菇、平菇等林地食用菌200多亩，建造大棚128个，每天可产鲜菇达4000斤，日产值近万元，成为库区农民增收致富的重要来源。

4. 宝坻区高家庄镇——养兔多赚十多万

近年来，借助丰富的林地资源发展林下种养业在宝坻区渐成“时尚”。眼下，林下养鸡、林下种蘑菇已不是什么新鲜事儿。那林下还能养点啥？高家庄镇桥头村农民张玉海避开普通养殖品种，利用林下自然环境养起了野兔。

日前，有人走进了张玉海的“仿野生野兔养殖基地”。只见用栅栏围起来的120亩林地里，笔直的毛白杨已有碗口粗细，遍地是厚厚的落叶和干枯的杂草，却怎么也找不到野兔的影子。正在人们纳闷的时候，一只土黄色的野兔突然竖着耳朵从落叶堆里蹿了出来。原来，一只正在树梢上空盘旋的老鹰惊吓了胆小的兔子。张玉海得意地说，在这杂草丛里藏着3000多只野兔子呢。野兔很“贼”，听到一点响动就逃跑了。听他这么说，穿行在林间空地，真怕一脚踩在野兔身上。

野兔分山野兔和平原兔两种，都不打洞，野外生存能力特强，春夏吃苜蓿草，冬天吃树叶，不喂饲料，不用防疫。张玉海高兴地说：“育肥后销往北京、天津等城市的大饭店，今年年底最少可出售2000只，一只野兔以100元计算，纯收入估计在十多万元。”

（三）河南省南乐县林下经济发展模式

近年来，河南省实施了林果“双十五万”工程，为林下经济的发展带来了良好的机遇。各乡镇积极探索，涌现出了林下种植蘑菇，林下养殖鹅、鸡、牛等模式，取得了较好的经济效益、生态效益和社会效益。南乐县委办公室对该县的林下经济发展情况作了专题调研。

1. 林下种植模式

鸡腿菇、双孢菇、草菇等直接在地里栽培的食用菌类适合在郁闭度较高的林下种植。花生、扫帚、蔬菜等较喜欢阳光的低秆浅根作物适合在种植1年～2年未郁闭的林下种植。

（1）林下种蘑菇

南乐县杨村乡李家村李在华从2001年开始探索在林下种植鸡腿菇，多年的生产经营使他掌握了从菌种培养、配料种植和加工销售等全过程技术经验。2006年，他利用棉籽壳、玉米秸秆等备料50万斤；2007年春天，在20亩4岁龄速生杨林间搭建10亩简易棚，种鸡腿菇，每亩纯收入2万余元。由于鸡腿菇种植不能重茬，要隔3年～4年再利用，所以他采取第一年间行种植，中间行为生产路，第二年换行种植，第三年更换新林地的方式进行生产。

（2）林下种植其他经济作物

南乐县西邵乡林下种植花生8000余亩，寺庄乡在林下种植花生2000余亩、种植扫帚700亩，城关镇在林下种植辣椒、菠菜等蔬菜200亩，全县各乡镇共发展1.27万余亩。这些作物属于低秆浅根作物，不与树木争肥争水，覆盖地表可防止水土流失，秸秆还田后又可增加土壤的有机质含量，改良土壤。

2. 林下养殖模式

（1）林下养鹅

南乐县张果屯乡永得信鹅业有限公司杨树林下养鹅。该公司下设后孙黑养鹅场，引进四川白鹅、狮头鹅、莱因鹅等优良品种，种有苜蓿草用来喂鹅，积极实施“林畜一体化”工程。采用“树林、池塘立体养殖，散养与圈养相结合”，即树下一行鹅舍、一行池塘的养殖方式，大力发展肉鹅养殖。经试验，每亩养鹅1000只左右，生长周期为75天左右，一年能养4茬，产品畅销山东、河北、福建、广东等地，一只鹅获利10元以上，亩效益达4万元以上。2007年，又规划了后孙黑、小屯和北街三个养殖区，并与东韩森固、西韩森固等7个村20余户签订放养合同，为农户提供鹅苗5000余只，已累计养殖6.5万只，已出栏3.6万只。

（2）林下养鸡

南乐县福堪乡马庄村马元明林下建大棚养肉鸡。马元明投资2万余元，占林地1亩，在林下建起鸡舍6间，存栏肉鸡4000余只，每年饲养6茬，年出栏肉鸡近3万只，年收入可达4.5万元。全乡发展林下养鸡面积500多亩，主要分布在任庄、马庄、宋耿落和郭吕村等村，除郭吕村在林下散养柴鸡外，其他都是在林下建养鸡大棚，全乡林下养鸡达105户，年出栏肉鸡110万只，实现产值800多万元。

(3) 林下养牛

南乐县苑林养殖园区是在杨树林下养牛，该园区占地30亩，树木株行距为5×2米与11×2米间行，5米宽的行作为生产路，11米宽的行建牛棚。现已建牛舍6座，面积4000平方米，可容牛800头；建青贮池2处，总容积6000立方米。该园区以肉牛育肥为主，8个月一茬，每年可养1.5茬，每个棚占地1亩，再加上0.5亩生产路为1.5亩，可容牛120头，每头牛纯利润700元，亩效益为700元×120头×1.5茬÷1.5亩=8.4万元。

3. 河南林下产业的经济效益和社会效益分析

(1) 经济效益

以面积为1亩的双孢菇种植大棚为例：按正常产菇，每亩产菇1.2万斤（专家分析为9000斤～1.8万斤），每斤市场价为2元（专家分析为2元～5元），亩收入2.4万元。把棚建在林地，节省新占土地，按新占土地粮食价格计算，年可节省1000余元；大田建棚需1.1万元，林下建简易棚需3480元（1200元草帘子+1500元塑料布+780元竹竿铁丝=3480元），节省建棚费7520元。按棚用5年计算，年均节省建棚费1504元。

(2) 社会效益

林下经济开发不但能起到近期得利、长期得林、远近结合、以短补长、协调发展的产业化效应，而且还调整了农业产业化结构，促进社会主义新农村建设。保住现有林地不被毁坏，巩固绿化造林成果；开发农村闲散劳动力，促进社会主义新农村建设；解决用地矛盾，建设集约型经济。

(3) 生态效益

林下经济开发产生的生态效益可观。目前，绿色GDP已纳入日标考核。林阴下空气湿度大、氧气充足、光照强度低、昼夜温差小，适合畜牧及微生物生长繁殖，是畜牧养殖和食用菌生产的理想空间。食用菌种植户将树林比作“绿色大棚”、“绿色生产车间”；畜禽养殖户将树林比作畜禽的“遮阳伞”、“绿色氧吧”；林农将林下作物及畜禽比作“林保姆”。正如一位农民朋友说：“给林地送水、送肥，又给予除草、灭虫的护理，就像给林地请来了一批保姆。”

（四）封沟养林蛙

林蛙在东北林区常见，且成为当地林农和林场职工致富的一个好宝贝。

林蛙是生活在林区的两栖类野生经济动物，雌性林蛙的输卵管俗称蛤蟆油，中药名叫田鸡油，是具有滋补强壮功能的高级营养品，蛙肉也是美味佳肴。市场售价不断上涨。林蛙在林区有水源的条件下，通过人工放养，可提高回捕率。

养蛙成为近年来经济效益较高的林区饲养业。辽宁宽甸县现已发展成为林蛙养殖基地。典型养蛙农户为毛甸子乡毛山子村吴金明。他承包了一条长度为 2.5 公顷的一条山沟，在沟口修建了饲养池、变态池、越冬池。每年春天投放卵团，经饲养，变态后放入沟内山林，秋季在越冬池内有选择地回捕成年林蛙，连续经营已超过 10 年。申请承包山林封沟养蛙的专业户年年增加，已经形成规模化的大产业。

在吉林林区也发展起来一批封沟养林蛙的基地，并成为当地的高效产业。养蛙不破坏森林，还可以丰富森林生态系统中的食物网络，增加物种多样性。

林蛙油在国际市场属于畅销不衰供不应求的医疗保健用品，行情看涨不看落，我国林区养蛙具有很大的发展潜力，是极有前途的林业开发项目。

（五）海南中部山区市县兴起“林下经济”热

利用天然林下空地和天然林的阴蔽条件，种植灵芝、肉豆蔻、益智等药材或者经济作物，发展蜜蜂、蚕、七彩山鸡等不破坏天然林资源的养殖业，这是近几年来海南省中部山区市县探索出的一种具有山区特色的“林下经济”模式，是环境保护与经济发展双赢的模式。

1. 村民养蜂养蚕致富

保亭、五指山、白沙、琼中四个中部山区市县，分布着全省六成多天然林，是海南省生态环境保护核心区域。最近一段时间，人们在中部山区看到一种新的喜人景象：一种既能提高农民收入，又能减轻环境压力的经济发展模式，正在悄然形成。

在琼中黎族苗族自治县和平镇新民村，种植的黄皮等果树果实累累，压弯了枝头。村民李东平笑着解释：“我们村养了 620 箱蜜蜂，有这么多蜜蜂采花授粉，果子当然结得多。”李东平说，新民村单养蜂一项年收入就超过 24 万元。

新民村属国家贫困村，村民过去毁林开荒种植橡胶、槟榔，严重破坏了周边天然林。为了改变这种破坏环境的生产方式，琼中县委县政府引进琼中承信农业综合开发有限公司，在新民村扶持发展灵芝示范点，又派干部进驻新民村带动村民养蜂。如今，新民村家家养蜂养蚕，还发展灵芝种植等山区特色经济。李东平高兴地说，他家还有一个 60 平方米的蚕房，能养 2 万多条蚕，平均 11 天就能出 100 多斤蚕茧，每斤蚕茧卖 8 元～9 元。“我们现在都不开荒不砍树了，只有把天然林保护好了，养蜂养蚕业才能发展得更好。”

海南省人大执法检查组来这里检查时称赞，新民村发展“林下经济”的路子走对了，这是一种人与自然和谐相处的经济发展模式。

2. “林下经济”也要有科技含量

“林下经济”似乎是一种优势资源经济，对资源依赖性较强。在保亭、五指山、白沙、琼中，四个市县在结合本地资源优势发展特色经济上，各出奇招各有特色。

五指山市从2002年开始，就与中国热带农业科学院合作，开展“生态扶贫示范项目”，科学引导山区农民在天然林下种植益智、肉豆蔻等南药和棕榈藤等经济作物。目前，全市人工种植棕榈藤1.7万亩、南药1.1万多亩。益智种在林间空地，高大茂密的天然林成为益智天然的“遮荫棚”。单益智一项，就为新村增收11万元，每户增收3000元～4000元。

琼中开展科技养蜂，提高蜂农养蜂技术。该县引导农民改变原来用树洞养蜂的落后方式，编制农民易懂易记的养蜂节气歌，组织农户参加养蜂培训，省科技厅还在琼中立项发展“科技养蜂”。科技含量提高了，养蜂的产蜜量、蜂蜜品质也大大提高，使养蜂产业在琼中迅速推广。琼中还在龙眼园、绿橙园里引导农民养七彩山鸡，从七彩山鸡的产卵、孵化、防疫、饲养等环节，都制定了严格的标准，生产出来的山鸡肉质细嫩、味美。

白沙农民有种蔗传统，县委县政府引导农民将原本种在山坡的甘蔗种在水田，这一举措使甘蔗产量从原来每亩2吨左右提高到七八吨，大大增加了农民的收入，又缓解了毁林种蔗对天然林带来的压力。

3. “林下经济”需要正确引导

山区市县发展“林下经济”还处于探索阶段，有些地方还存有误区，直接或间接地破坏了生态资源。

误区一：毁掉林下植被种经济作物。海南省人大执法检查组前往五指山市牙合岭检查，看到天然林里乔木保存完好，林间低矮的灌木却悉数被砍，地上杂草也因喷洒了除草剂变得一片枯黄。省人大环资工委委员李再光说：“林下杂草、灌木等植被对于水源涵养、水土保持非常重要，发展林下经济要有科学观念，要注意保护生态环境。”

误区二：盲目引进外来物种。在一些地方，执法检查组看到有外来物种被大面积引入天然林下种植。对此，检查组成员很是忧心。十届全国人大代表、全国人大常委会委员王学萍说：“发展林下经济，引入外来植物时，一定要慎重，要经过科学论证和严格试验，才能确定是否适宜大面积推广。否则，很可能会造成外来有害物种入侵，破坏天然林。”

（六）野生人参园的开发

长白山林区是人参的故乡，但是野生的人参已经是难得寻觅的凤毛麟角，显得十分的珍贵。在吉林省临江林区，有一个面积不到两公顷，价值超过 100 万元的野生人参园，它可以成为林地综合开发的典型范例。它的产生与发展给我们以极大的启迪。

在 20 世纪 70 年代末，全国开展了一次林业“三定”（稳定山林权、划定自留山、确定林业生产责任制）工作。吉林林区在这次林业“三定”中，奉上级命令把一部分国有林划给农民作为自留山独立经营，划自留山的出发点是周详而善意的；在农林交错地区，林区的农民为了打柴与得到民需用材，经常蚕食、盗伐国有林区的林木，使一些分布在农民村屯周围的森林屡遭破坏，百孔千疮，管护十分困难。当地政府决定，把分布在农民村屯周围的部分有林地，每户一片划为自留山，由农民自主经营，作为解决烧柴与民需用材的基地。吉林省临江林区桦树乡西大川有位唐姓农民，在这次划自留山中分得了一片归他使用并自主经营的有林地，面积为 1.97 公顷，林相为红松针阔混交的中龄林，有红松、云杉、冷杉、椴树、蒙古栎、色木槭等，郁闭度 0.7，最大的针叶树约 100 年左右。当地与他同时分得自留山的农民，在取得经营权之后的次年，以“砍树致富”，数年之后变成了荒山，唯有老唐的这片自留山，他不但一棵树也没砍，反而投工投资，用铁丝网把属于他的这片林子围了起来.

就近盖了一所草房，一年四季昼夜有人守护。这位农民每年秋季都要到深山老林中去放山——采挖野生的长白人参。他放山也与别人不同，遇到陈年老山参就整株地挖回来，移植到他的自留山林内，遇到年龄不大的野山参，他不挖，只把种子采回来播种到他的自留山林下，留下只有他自己知道的标记，年年去采种，年年在他的自留山中播种野山参。移来的老山参，新播的小山参数年后也年年开花结籽，又成为新的种源，连续扩大播种的范围，年复一年经营到16年，他这片不到2公顷的郁郁葱葱的山林已成为当地一景，周围是荒山草坡林木稀疏，几乎没有什么产值与收入，而唐家山林的林木比原来更茂盛，进入林内，林下野生的人参遍地皆是。他只接待上级政府派来巡视观察的官员或专家，无关的人员谢绝参观。他与当地的外贸局或特产局订有协议，如出口需要或特殊需求，洽谈好价格随时可以采挖供应。他从这片自留山中究竟得到了多少收入？回答是无可奉告。已经有人出价到120万元现金人民币购买他这片山林，他表示不卖。当地政府特产局的专家，粗略估计他这片人参园的潜在价值约为400万～500万元。面积不到两公顷，经营不到20年，现实的产出效益在100万元以上，继续经营年久日深，这片人参园的价值将成倍增长是客观的，它靠的是森林生态系统生产力，经营措施也并不高超，但属于科学的林地综合开发，推广也无障碍性因素，在这个典型的启示下，长白山林区无数个“民营庄园”、“个体庄园”正在发展壮大。

（七）五指山市林下经济

菠萝蜜、芒果、樟树、杉树……一进入五指山市市区，就看到街道两旁种着各种各样的树木。很多树木上都有一个铭牌。“6—0002菠萝蜜”、“11—0004芒果”，铭牌中还记录着树木的基本知识。五指山市市委领导告诉记者，这些都是古树的“身份证”。“在五指山市，对树木是能保护的保护，能挽救的挽救。”

五指山市地处海南岛中部腹地，是海南省海拔最高的城市，又是万泉河和昌化江等多条河流的源头。五指山生态环境状况对海南全省气候都能产生影响。2006年底，五指山市森林覆盖率达到79%，年平均气温22.4℃，城市中1立方米空气中负氧离子含量达到6000个，山脚下可以达到8000个，山顶可以达到12000个。

现在绿意葱翠的五指山，也曾经面临生态破坏的危险。“九分山，半分水，半分田”，一语道尽五指山耕地的匮乏。五指山市90%的面积是山地，农业用地34万亩，其中水旱地只有5万亩，人均不到半亩地。人均耕地匮乏，使农民被迫砍山烧山，卖木材、种木薯等补贴家用。这些都威胁着五指山的生态环境。

“靠山吃山”，这是祖先留下来的生存之道，山地居民认为理所应当。保护生态资源的根本，还是要改变人们的观念。而途径就是找到新办法让老百姓致富。

在水满乡苗族新村，34岁的村民卢德平2003年在坡地的林木下种了20亩益智，今年正是收获第一年。“益智是一种南药，1亩种220株，可以收300来斤，一斤生果能卖到2.3元，晒干的优质干果可以卖到10多元一斤。我们村100多户，很多户都在种。”卢德平还是这个村里益智的“收购大户”，他将收购来的益智统一转卖给制药厂或是更大的收购商，现在他年收入也可以达到1万多元了，而以前只有靠1.5亩地种些稻谷，或是砍山烧山种些山兰米贴补，年收入不到1000元。

水满乡党委书记黄健说，益智是喜阴植物，适合林下种植，又不会破坏原有生态资源；另外，它也适合粗放式种植习惯，不需仔细打理，前8年产量会逐年翻几倍增长。

村子里通往益智集中种植坡地的土路，能看出两道车轮压出的深沟，卢德平说，这条路以前只是很窄的一条小路，现在村民用摩托车往外运益智，压出了这两条沟，也把路踩宽了。

在保护资源的前提下，在林下种植南药、养鸡养鸭，发展立体农业、林下经济，这种“吃山新法”改变了五指山山地农民的生活状态。

在南圣镇什兰村，60岁的黄明忠家的院子里一片热闹景象，一株株槟榔整齐排列着，一直往山坡上延伸，树下5只鸭子结伴散步，两只母鸡带着一群小鸡玩耍，9只羊在圈里咩咩地叫着，一头黄牛悠闲地趴在圈外。黄明忠说，他们老夫妻现在种了7亩槟榔、2亩香蕉，畜禽刚卖完一拨儿，最多时有几百只鸡鸭和十多只牛羊。谁曾想到，现在郁郁葱葱的坡地，当年曾被黄明忠砍光了林子种地瓜，一家7口一直挤在破旧的茅草房里。现在他们也住上了水泥房，家里还买了彩电和摩托车。记者问老人种养这么多累不累，老人一边摆手一边用生硬的普通话说着：“不累，农民不怕累，想赚钱哪能怕累?”

五指山拥有非常完整的热带雨林体系和诸多奇特景观，这是一片尚未被合理利用的宝藏，谨慎地利用资源发展生态旅游业会是今后五指山市发展的新趋势。

通过以上列举的林下产业案例，我们可以看出，林下产业的发展可以套用到任何一种林木资源中，通过综合利用、以短养长的方式，实现短期利益和长远利益的结合，让农民真正得到实惠，过上富裕生活。

第五章　野生动植物的保护与利用

所谓野生动植物资源，是指一切对人类的生产和生活有用的野生动植物的总和，包括食用性资源、工业性资源、生态保护性资源、种植性资源等。野生动植物资源具有很高的价值，它不仅为人类提供许多生产和生活资料，提供科学研究的依据和培育新品种的种源，而且是维持生态平衡的重要组成部分。由于农耕和其他经济活动的发展，往往造成野生动植物资源的破坏，特别是商业目的的追求，人为的滥捕滥杀和过度采集，使野生动植物资源不断减少，使一些珍贵稀有的野生动植物灭绝或者濒临灭绝，从而给人类的生产活动和生态环境都造成了极大的损害。

野生动物是大自然不可或缺的重要组成部分，是可再生的自然资源，也是人类不可缺少的伙伴。对人类的生存发展起重要作用。如通过驯化和饲养，野生动物不仅为人类提供了丰富的畜产品，而且它们在控制病虫害等的过量繁衍，保护农、林、渔生产，维持生态平衡及医疗、卫生、科研、教育、文化、体育等方面都有着不可低估的贡献。例如，一只灰喜鹊可以保护两亩松林不受病虫侵扰；一只猫头鹰一年可以吃掉1000只田鼠，从鼠口夺回两吨粮食；一对燕子在北方仅仅6个月逗留的时间就可以吃掉各种害虫近百万只；甚至某些对人类有害的物种，我们对它的作用也要具体的分析。例如白蚁，是破坏木材的害虫，但是从森林发展看，因为它取食朽木而加速了木材的腐朽，从这个角度看白蚁是森林的清扫者，是土壤的培育者，因而对森林的更新是有益的。

在相关条例里，野生动植物与林木资源是联系在一起的，这样的提法是有道理的。森林是一个完整的生态系统，是陆地最大的生态系统，很多生物都在森林里生存，依赖森林提供的各种条件生存，这种关系是不能分割的。森林只有树木，是没有生命力的。森林因有各种野生动植物而呈现出活力，构成一个完整的生态系统。农村林木资源管理中，也应该注重野生动植物的保护。野生动植物资源既是森林生态系统的有机组成，使森林具有活力，又是农村发展的资源基础，经济收入来源。因此，依托森林存在的野生动植物，也是农村林木资源管理的重要对象，对农村的经济发展、生态平衡、社会和谐有着重要的意义。

一、野生动植物保护和利用的意义

野生动植物是战略资源，它不同于矿藏、土地和木材等资源。野生动植物资源兼具四种特性、一大特点。四种特性是生态功能、物质资源、遗传基因和文化功能，一大特点是具有可再生性。野生动植物这种特性，具有十分重要的生态作用，是人与自然和谐发展的保障。科学培育和合理利用野生动植物资源，是保证经济社会全面、协调、可持续发展的物质基础。保存野生动植物的遗传基因，发展野生动植物文化，是关系到中华民族生存、丰富中华文化的大事。正因为野生动植物资源具有的这些其他资源没有的重要特性，更要求我们科学地认识野生动植物的保护、培育和利用工作，正确认识野生动植物在维护自然生态平衡中的基础作用，正确认识野生动植物资源在国民经济发展中的重要地位，正确认识野生动植物蕴藏的巨大社会文化潜能，正确处理野生动植物资源保护、发展和合理利用之间的关系，真正实现野生动植物的可持续发展。本节内容主要介绍了野生动植物资源的功能、野生动植物保护和利用的必要性以及野生动植物保护对农村发展的影响。

（一）野生动植物资源的功能

野生动植物是森林生态系统的重要组成部分，是物种多样性的体现，也是人类赖以生存的基础。作为十分珍贵的资源，其具有生态、物质资源、遗传基因、文化四大功能，在我国国民经济发展中占有十分重要的地位。加强野生动植物资源保护，大力培育、发展和合理利用野生动植物资源，走可持续发展的道路，具有非常重要的战略意义。

1. 生态功能

自然界是一个互相联系、互相依存、不断变化的庞大生态系统。人类是自然界中的一分子，人类要依靠生态系统的良好运转来维持自身的生存和发展。野生动植物一旦遭受损害或种群灭绝，必然引起维系生态系统的生物链的缺失或断裂，如不及时修复，生态系统就会失去平衡，整个生态大厦就有土崩瓦解的危险，届时地球上的一切物种都将难逃厄运，人类当然也不能幸免。

野生动植物是生态系统的重要组成部分，是生物多样性的具体体现，维护着生态系统的稳定和平衡，保护野生动物就是保护人类的生存环境。长期以来，由于人类的贪婪和无度破坏，许多野生动植物惨遭劫难，陷入灭绝或濒临灭绝的境地。特别是近年来，人类对野生动植物的过度开发利用，造成了野生动植物资源的极度减少，物种衰退灭绝的速度越来越快。据估计，地球上共生活过 5 亿种生物，而今天生活在地球上的物种只剩 2%左右。据统计，近一个半世纪记录在案的动物中，已有 120 种兽类和 250 种鸟类灭绝；近 400 年来，全球已灭绝的物种数以千计，其中灭绝的鸟类 150 种，兽类 95 种，两栖类约 80 种。目前，野生动植物物种灭绝的速度呈现出越来越快的趋势。以兽类为例，1771 年～1870 年的 100 年间，全世界共灭绝了 12 种；1871 年～1970 年的 100 年间，则灭绝了 43 种；目前濒临灭绝的野生动物达 600 多种。据估计，仅仅因热带雨林受到破坏每年就使大约 4000 个～6000 个物种趋于濒危。野生动植物资源以这样的速度减少，人类生存的生态环境将面临危机，人类所需的物质资源不断减少，和人类共存的动物不断减少，生态的不平衡可能导致很多环境问题，如鼠害、虫害、旱涝灾害等。

2. 物质资源功能

自人类诞生以来，野生动植物就一直是人类社会发展的重要物质资源。远古时期，人类以野生动植物为食，过着茹毛饮血的生活，野生动植物在人类生存发展历史上有着不可替代的作用。现代社会，科技高度发达，转基因、克隆等技术问世，维持生命的物质空前丰富，但人类的食物也离不开野生动植物。如今食用的野生动植物千余种，野生动植物仍然是人们生存必不可少的重要营养来源。

近年来，由于全球气候变化的影响和过度开发利用等原因，生态环境遭受破坏，栖息地丧失，导致我国野生动植物资源的总量严重下降。全国约44%野生动物种群没有达到稳定状态，29%野生植物种群处于不稳定状态，许多药用物种濒临危险甚至已经灭绝。麝香、羚羊角、猴骨、鹿角、甲片、蟾酥、蛤蚧、虫草、甘草、黄连、黄芩、川贝、天麻、云木香、厚朴、杜仲、黄柏、降香、沉香、檀香等野生动植物药材的种群数量都已经大大低于中药和保健产品生产的需要，包括麝香保心丸、六神丸、片仔癀等重要的中成药，都已难以为继；许多名中医的独到良方也已受到严重制约而无法起到“悬壶济世”之效。如果羚羊绝迹，总共会影响到120种中成药的疗效；有“百药之王”之称的麝香一旦消失，将会危及270种传统急救中成药，欧洲市场上麝香的价格从1870年时1克麝香相当于0.15克黄金，上升到2000年1克麝香相当于8克黄金。据调查，药用植物资源中甘草、光果甘草、羌活、单叶蔓荆、黄皮树、肉苁蓉、银柴胡、紫草等100多种中药材的资源量普遍下降；八角莲、杜仲、见血封喉、野山人参、黑节草、小勾儿茶、凹叶厚朴等30多种药材的野生资源量稀少，无法提供商品或仅能提供少量商品而处于濒临灭绝的边缘。人类所需的动植物资源灭绝或濒临灭绝，人类不再能得到其所需的物质，生病时没有可采的药物，物种单一退化后产量不再能够满足人类的需求，人类社会将如何发展，令人担忧。

3. 遗传基因功能

野生动植物物种多样性强，基因资源十分丰富，是进一步培育、扩大种质资源，保障国民经济发展的重要物质基础。当今食用的家畜、家禽、家鱼、大米、小麦等均来自于对野生动植物的引种驯化、繁育和栽培，今后驯化新动物，培育新优作物品种也要依赖野生动植物的种源。如果野生动植物绝灭了，现有的养殖动物和栽植植物就可能因品种退化、疫情袭击等影响而又无新替代品种接续最终导致丧失。据世界粮农组织资料，全球家禽品种正以每周减少两种的速度消亡，迄今已有1300余种濒临灭绝。

4. 文化功能

种类繁多、千姿百态的野生动植物世界是天然的科学文化宝库。许多野生动植物不仅以其久远的自然历史和独有的特性和功能成为生物学、生态学、人类学、史学、医学、仿生学等的重要研究本体，对相关学科的研究开发具有不可替代的作用，而且使自然界变得绚丽多彩、生机勃勃，给人以无限愉快和美的享受，是美术、文学、诗歌、音乐、舞蹈等艺术创作的源泉，极大地丰富了人类的精神生活。此外，以野生动植物和森林景观为载体的生态旅游文化、公园文化等正方兴未艾。

（二）人类对野生动植物资源的影响

人和其他生物一样，是自然界的存在物。人既依赖于自然，同时又能主动地认识自然和变革自然，创造出适应自身的生存环境。正因为如此，随着人类改造自然能力的增强，人与自然的关系在逐步发生变化，人类活动对野生动植物的影响越来越大，使大量野生动植物面临灭绝和濒危。

远古时期，人类处于蒙昧时代。在旧石器时代，人类在技术方面取得的进步非常微小，几乎是在完全顺应自然环境变化的情况下生存的，主要依靠自己的肌肉力量与环境抗争，应用简单的石器工具进行狩猎、采集，以获得自然界现成的产品。此时的野生动植物对人类生存和发展所起的作用可想而知。而此时的人类除了获得生活必需品才捕杀野生动物外，几乎对野生动物没有任何影响。人类像其他动物一样把自己消融于大自然中，使整个生态基本上呈现生产者（植物）、消费者（动物）、分解者（微生物）三极生态相。人与自然之间是统一、原始的协调。

农业文明时期，从大约一万年前开始的新石器时代早期，人类开始进入原始农业阶段。这一阶段，人类开始从动物界分化、独立出来，从事谷物生产和动物饲养，开始驯化野生动物。同时，这一时期人类开始着手改造自然，人类经济活动的范围、强度大大增强，自然环境开始遭到一定程度破坏，野生动物的生存环境受到了一定的影响。但总的来讲，人类对自然的利用并未超出自然的承载力。自然界一方面仍然在人与自然的关系中处于主导地位，另一方面由于自然界有着很强的自我再生能力，对人类的行为有着强大的包容力，所以人与自然处于一种有破坏的和谐状态，二者矛盾尚未激化。

工业文明时期，主要从19世纪到目前。这一阶段，随着科技的迅猛发展和广泛应用，人对自然的控制与支配能力急剧增强。人在自然界的地位发生了根本性转变，自我意识急剧膨胀，人类开始自视为自然的主人和统治者，逐渐漠视自身对自然环境和自然资源的依赖性，对自然一味地强取豪夺，从而激化了人与自然的矛盾，加剧了人与自然的对立。人与自然之间不再是和谐一致的向前发展了，甚至出现了当代的“全球性”的生态危机，主要表现为人口激增、自然资源的消耗和短缺及环境污染等。由于人类的活动，特别是大规模砍伐热带雨林，加速了生物物种的灭绝。据史料记载，石器时代物种灭绝速度为每1000年1种；19世纪工业革命时代，物种灭绝达到每年1种；20世纪中叶发展到每天灭绝1种。1850年以来，人类已使75种鸟类和哺乳动物绝种，使359种鸟类和297种动物面临灭绝的危险。据统计，目前有2500种植物和1000多种脊椎动物濒临灭绝的危险。这将严重影响生物遗传的多样性，而基因库对于人类的长远利益有着不可估量的重要意义，每消失一个物种都将是一个不可挽回的损失。

（三）野生动植物保护与利用对农村发展的意义

野生动植物资源是森林生态系统的重要组成部分，野生动植物资源的多样性体现了生态系统的健康和完整，也就意味着森林功能的正常发挥。农村作为距离森林、距离野生动植物资源最近的地区，与森林、野生动植物资源有着密切的关系。

自古以来，农业、农村、农民的发展是依托自然条件的，有些地区资源丰富，农民生活惬意、村庄富裕。有些地区资源贫瘠，农民生活贫困。野生动植物资源丰富的地方，农民不愁吃穿，因为野生动植物为其提供了丰富的资源。因此，野生动植物保护与利用的利益，首先有利于农村的发展。学术界和社会各界已经认识到，开发利用野生动植物资源是农民致富的有效途径。但是开发的前提是要保护，在保护的基础上进行培育野生动植物，使之为人所用，以大力促进农村发展、农民致富。

二、我国野生动植物资源

我国地域辽阔、地貌复杂、河流纵横、湖泊众多、气候多样，为各种生物及生态系统类型的形成与发展提供了优越的自然条件，从而成为世界上生物多样性最为丰富的国家之一。我国的生态系统主要包括森林、草原、荒漠、农田、湿地及海洋六大类型。其中森林是最重要的陆地生态系统，它蕴藏了大量的生物物种，是生物多样性最为丰富的生态系统类型。我国的森林类型繁多、功能齐备，对中国乃至全球的环境和气候都具有特别重要的影响。我国的森林按气候带分布从北向南有寒温带针叶林、温带针阔叶混交林、暖温带落叶林和针叶林、亚热带常绿阔叶林和针叶林、热带季雨林、雨林。其中亚热带森林在物种多样性及重要性方面是世界同一地带其他地区无与伦比的。中国的天然湿地包括沼泽、泥炭地、湿草甸、浅水湖泊、高原咸水湖泊、盐沼和海岸滩涂等类型，涵盖了全球39个湿地类型，而且青藏高原的高寒湿地在世界上为我国所独有。我国的天然湿地总面积约为2600多万公顷（不包括河流），其中内陆和海岸湿地生态系统的面积堪称亚洲之最，除了作为许多濒危特有野生动植物的栖息地之外，它们还是迁徙鸟类，包括许多全球性受威胁物种的重要停歇地和繁殖地。我国约有脊椎动物6266种，其中兽类约500种，鸟类约1258种，爬行类约376种，两栖类约284种，鱼类约3862种，约占世界脊椎动物种类的10%。我国约有30000多种植物，仅次于世界植物最丰富的马来西亚和巴西，居世界第三位。其中苔藓植物106科，占世界科数的70%；蕨类植物52科2600种，分别占世界科数的80%和种数的26%；木本植物8000种，其中乔木约2000种。全世界裸子植物占世界总科、属的54%和24%。此外，我国定名的昆虫有3000多种。由于我国大部分地区未受到第三纪和第四纪大陆冰川的影响，因而保存有大量的特有物种。据统计，约有476种陆栖脊椎动物为我国所特有，占我国陆栖脊椎动物种类数的19.42%，其中约有2/3的两栖类为特有种；在30000多种高等植物中，约50%～60%为我国所特有。如大熊猫、金丝猴、华南虎、羚羊、藏羚羊、褐马鸡、绿尾虹雉、白鳍豚、扬子鳄和水杉、银杉、台湾杉、银杏、百山祖冷杉、香果树等，均为我国特有的珍稀濒危野生动物和植物。

然而，由于人口的迅速增加，对自然环境的开发强度的加大，改变和破坏了物种的生存环境，再加上人为的破坏和保护不力，使得许多物种处于濒危状态，甚至灭绝。

我国拥有极其丰富的野生动植物，仅脊椎动物就达 6000 种左右，位居世界前列的高等植物达 3 万多种。其中，有药用价值的植物 11000 余种，药用动物 1500 多种，还有大量的作物野生种群及其近缘种和许多畜禽的起源种，不仅是全球栽培作物的重要起源中心之一，还是著名的世界花卉之母、雉鸡王国。

我国的野生动植物产业，主要包括野生动物养殖、野生植物培植、野生动植物观赏展览、中药及保健食品和化妆品生产、皮草及标本制作、传统民族工艺品及乐器加工、餐饮、狩猎以及相关进出口贸易等。

近年来，通过实施一系列促进产业发展的政策措施，我国的野生动植物产业发展迅猛，资源培育稳步增长，规模化、集约化发展趋势十分明显，进出口贸易大幅度攀升，民族传统产业可持续发展势头良好，对资源保护的促进作用也十分显著。据初步统计，2005 年我国上述各类野生动植物培育利用和进出口共实现总产值约 1570 亿元，企业固定资产总值达 351 亿元，比 2003 年的总产值 569 亿元、企业固定资产总值 221 亿元分别增长了 176％和 58.8％。由于经济类野生动植物资源培育活动主要分布在农村地区，因此，对调整农村经济结构、促进农民脱贫致富，提高资源利用效率，改变增长方式，有效促进野外资源保护等方面发挥了重要作用。

虽然我国野生动植物保护取得了巨大成绩，但自然生态系统脆弱、退化的严重局面还没有从根本上得到有效抑制。野生动植物资源总量不足，过度利用严重，部分物种资源已下降到濒危程度。环境污染直接造成区域性野生动植物资源的严重下降，野生动物驯养繁殖和野生植物培植的总体发展水平较低，增长方式粗放，相关管理法规制度滞后，可持续发展缺乏长效机制。

三、农村与我国野生动植物保护

我国幅员辽阔，自然环境复杂，拥有从寒温带至热带的各类森林、荒漠、湿地、草原和海洋生态系统，孕育着丰富的野生动植物资源，是世界上物种最丰富的国家之一。大熊猫、朱鹮、金丝猴和水杉、银杉、珙桐等大量物种均为我国独有。这不仅是我国人民的宝贵财富，也是世界自然遗产的重要组成部分。同时，我国人口多，资源相对不足。在社会主义现代化建设过程中，必须把保护、发展和合理利用野生动植物资源放在重要位置，使人口、资源、环境、经济协调发展，走可持续发展道路，创建人与自然的和谐社会，在农村再现人与自然共处的景象。

（一）我国野生动植物保护现状

我国在野生动植物保护中做了很多工作，也取得了很多成绩。在党中央、国务院的领导下，在社会各界的大力支持下，经过各级政府和林业部门的共同努力，我国野生动植物保护事业取得了长足发展，逐步扭转了野生动植物资源急剧减少的趋势，保护和抢救了一批珍稀濒危物种，取得了明显的成绩，为经济社会可持续发展作出了重要贡献。

1. 自然保护区的建设有效地保护了野生动植物资源

目前全国自然保护区总数达到1757个，总面积1.33亿公顷，已占国土面积的13.20%，到2010年，全国自然保护区的总数将达到1800个，自然保护区面积占国土面积的比例将达到16.14%。另外在全国还建立了850处森林公园，面积750多万公顷。全国自然保护区保护了我国85%的陆地生态系统类型、85%的野生动物种群和65%的高等植物群落。国家重点保护的300余种珍稀濒危野生动物，130多种珍贵树木的主要栖息地、分布地通过保护区得到了较好保护。同时，这些自然保护区还起到了涵养水源、保持水土、调节气候、防风固沙、改善环境的重要作用。

2. 拯救工程使一些濒危物种得到恢复

改革开放以来，我国积极开展主要濒危物种的拯救繁育工作，先后建立了14个野生动物救护繁育中心和400多处珍稀植物种质种源基地，促进了一些濒危物种种群的恢复和发展。组织实施“中国保护大熊猫及其栖息地工程”以来，大熊猫栖息地得到了较好的保护，有效地遏制了野外大熊猫种群下降的趋势，大熊猫移地保护取得了重大突破，全国共繁殖大熊猫64胎96仔，成活61仔。朱鹮从1981年重新发现时的7只，已经发展到目前的203只，正逐步摆脱灭绝的危险，在世界濒危物种拯救史上写下了光辉的一页。扬子鳄经过十多年的人工拯救繁育，从200多条发展到9000多条。海南坡鹿也由保护初期的26头发展到800多头。麋鹿、野马、高鼻羚羊重返故里，正在进行繁育和野化。东北虎、金丝猴等100多种珍贵野生动物人工繁育技术取得突破，初步建立了人工繁育种群。

3. 湿地保护受到重视

我国现有湿地面积6600多万公顷，其中天然湿地2600多万公顷，约占国土面积的2.70%。为了扩大中国在国际湿地保护领域的作用和影响，进一步提高国内的保护管理水平，1992年我国加入了《湿地公约》；争取了一批湿地保护国际援助项目；牵头组织国务院17个部委编制了《中国湿地保护行动计划》。同时，在湿地保护与管理的组织机构建设、宣传教育与人员培训、湿地保护示范区建设等方面也做了大量工作，取得了一定成效。现在，全国建立湿地类型自然保护区473处，国际重要湿地数量达到36处。

4. 法律体系逐步完善

在法律建设方面，全国人大和国务院先后颁布实施了《森林法》、《野生动物保护法》、《陆生野生动物保护实施条例》、《野生植物保护条例》、《自然保护区条例》和《森林和野生动物类型自然保护区管理办法》等一系列法律法规，各级地方人大、政府也制定了相应的配套法规和规章，对地方具体情况有很强的针对性、适用性。

5. 资源调查与科学研究并举

资源调查可以帮助我们清楚地了解我国的资源基础，清楚我国各种资源的状况、构成以及存在的问题，以便能够及时采取措施保护濒危物种和发展有价值的物种。新中国成立以来，我国政府十分重视资源调查工作，多次组织进行了专项和综合性野生动植物资源、湿地资源调查。同时，还积极组织开展科学研究工作。多年来，经过广大科研工作者的辛勤努力，在物种生物学、生态学和引种繁育技术等方面取得了一大批重要成果，为野生动植物保护管理工作提供了科学依据，也通过实践保护了许多野生动植物资源。

6. 积极开展国际合作与交流

我国相继加入了《濒危野生动植物种国际贸易公约》、《湿地公约》和《生物多样性公约》，开展对外合作与交流，学到了先进技术和管理经验，培养了大批专业人才，促进了我国野生动植物保护事业的发展。特别是我国特有的大熊猫、金丝猴、朱鹮等珍稀动物，作为“友好使者”出使了许多国家，极大地增进了中国人民与世界各国人民的友谊，为我国外交事业作出了重要贡献。

尽管我国野生动植物保护事业取得了很大成绩，也积累了一定的经验，但还存在着许多问题，有些问题还相当突出。随着我国人口的持续增长和经济的快速发展，人口与资源、经济建设与生态保护的矛盾日益突出，一些地方特别是一些地方的领导，不能很好地解决发展经济与保护生态环境、保护自然资源的关系，以牺牲生态、牺牲资源作为代价来获得经济的暂时发展；乱捕滥猎、乱采滥挖、倒卖走私野生动植物及其产品的违法犯罪活动不时发生，一些地方有组织的盗猎走私活动十分猖狂；有“高原精灵”之称的藏羚羊，

20世纪80年代末以来遭到大规模武装盗猎，损失在10万头以上，目前种群数量已锐减到4万余头，而且现在每年仍有1万头左右惨遭屠杀，这个古物种正走向灭绝。盗猎者的目的是为了从每头藏羚羊身上获取150克左右的上等羊绒，这种羊绒织成的精美披肩在国际黑市上零售价高达5000至30000美元。由于地方上人们的认识不足，单纯追求经济利益，追求自身利益，而侵占、破坏野生动植物栖息地和自然保护区的现象非常突出，濒危物种的恢复进展缓慢，部分物种减少的势头尚未得到有效遏制，青海湖地区的普氏原羚就是因人类的认识不足，盲目发展畜牧业和农业，将广阔的草地划分成无数的小块，普氏原羚的生存空间缩小在牧民草地之外——沙漠地带，遭受人和野狼的猎杀，另由于网状的围栏将普氏原羚分割成几个种群，孤立无援，每个种群面临灭绝的威胁。目前，青海湖周边的普氏原羚仅有300多只，比大熊猫少，比扬子鳄少，比藏羚羊少。普氏原羚的命运如何，还取决于地方牧民的保护意识。野生动植物养殖培植和开发利用尚处在自发的、分散的状态，既不适应社会主义市场经济发展的需要，也不利于野生动植物资源的保护。

面对这些问题，我们应加大执法力度，健全机构，加大投入，提高工作人员的素质，提高管理效率。此外，我们应在全社会倡导良好的生态道德则是实现人与野生动植物和谐共处的根本途径。野生动植物和人类一样是地球的主人，同样拥有生的权利，尊重和保护它们的生存权是社会文明的表现。生态道德唤起人们尊重生命、热爱大自然的美好情愫，这对促进人类社会的和谐稳定也非常有利。野生动植物为人类提供了丰富的物质资源，并在维护生态平衡方面发挥着不可替代的作用，是人类可持续发展的重要基础。但长期以来，掌握了先进生产技术的人类对自然资源进行着贪婪的掠夺，野生动植物蒙受了巨大的灾难。工业革命以来，已有750余种动植物从地球上彻底消失；以“万物之灵长”自居的人类正使自己逐步走向孤独。这些都必须引起我们高度的重视，认真加以研究和解决。资源保护不好，我们的发展就没有基础，人类的发展也没有未来。

（二）农村在野生动植物保护中的地位

我们都知道，大多数野生动植物是在山区或农村，即农村和野生动植物离得很近，不论是在距离上还是依存关系上都是非常密切的。依据上面所述，国家在野生动植物保护方面做了很多工作，也有很多研究者付出了很多的汗水，但是野生动植物保护的好坏，最重要的角色是农村的农民。原因有三：

1. 农村与野生动植物资源的距离最近

说到野生动植物保护或者是某保护区的建立都会涉及“社区”两个字眼，“社区”二字多数代表了与野生动植物共生存的农村、农民。农村距离野生动植物最近，即使有保护区工作人员的勤奋工作，有专家学者的实地调查研究，野生动植物资源保护还得依靠距离其最近的，对其比较了解的农民来保护。

2. 农村经济发展与野生动植物资源保护有密切关系

大多数山区农村，如果有野生动植物资源，当地农民可以依赖这些资源生存，不需要担心生存问题。世世代代，农民对野生资源有了很多的知识，并能很好地利用这些资源，为农民提供食物、衣着等，满足农民的基本生活需求，同时还能通过稀有的野生动植物的采集、销售为农民获取可观的收益。尤其是随着社会经济的发展，市场经济意识逐渐传入山区，农民开始有市场意识，农民在种地之余，采集野生植物，猎杀野生动物来获取收益，改善生活，农村经济也得到了发展。因此，野生动植物资源的保护与利用，直接与农村有关，农民对野生动植物资源的合理开发利用，不仅会促进农村经济的发展，也会保护野生动植物资源。但是，如果农民对野生动植物资源无序盲目利用，野生动植物资源就会面临灭绝。此外，还出现野生动物侵害农民的庄稼，对农民人身造成伤害事件，损害农民利益等现象，这样就出现了农村经济发展和野生动植物资源保护的矛盾。因此，要想保护好野生动植物资源，实现可持续发展，必须很好地处理农村和野生动植物资源保护的矛盾。这也体现了农村在保护野生动植物资源中的重要地位。

3. 农民的参与保护有利于野生动植物资源保护

农村是距离野生动植物资源最近的社会单位，仅仅凭借保护工作人员的保护，没有当地农民的配合，野生动植物资源是很难得到有效保护的。最新提倡的社区参与式管理就是弥补专业保护工作人员保护管理的不足，由当地农牧民参与到野生动植物资源的调查、看护工作中，给予一定的经济补偿，农民在参与保护的过程中认识到了野生动植物资源的重要性以及特性，增强对野生动植物资源的感情，能够时刻关注野生动植物资源的动向，对于野生动植物资源保护是非常有利的。

综上所述，野生动植物资源虽然不属于农村、农民，但是与农村、农民息息相关，农村要有良好的生态环境，必须保护周边的林业生态系统，保护生物多样性。因此，农村在野生动植物资源保护中的作用是不容忽视的。

四、我国野生动植物的利用与农村发展

（一）野生动植物利用现状

长久以来，野生动植物就一直是人类社会发展的重要物质资源，从人类诞生到农牧业出现，从农业社会到工业社会，人类的衣食住行都与野生动植物密切相关。医药、食品、轻工、建材、化工等都不同程度地利用野生动植物及其产品作原料。而农村是最先接触野生动植物资源的单位，他们通过采集野生植物和猎杀野生动物，获得生存所需或者将其出卖成为各行业产品加工的原材料供应者。因此，出现了很多农民生存和资源保护的矛盾，即农村对野生动植物

的利用是否科学，关系到野生动植物资源的可持续发展，国家相关部门都在探索野生动植物资源可持续发展和农村长远发展的协调方法。换言之，人类既利用了资源，资源还不会减少，这样的方法其实就是人类一直沿用的引种的方法，将野生物种进行家养，进行培育繁殖，以满足市场的大量需求。因此产生了野生动植物资源产业。近年来，野生动植物培育利用业迅猛发展。据不完全统计，到2005年底全国野生动植物培育及利用年经营总产值已达1570亿元，企业固定资产总值达351亿元，比2003年全国首次野生动植物产业调查分别增长176%和58.8%。短短两年时间，野生动植物资源产业实现了跨越式发展。

从2004年召开的全国野生动植物可持续发展座谈会上得知，我国现有野生动物驯养繁殖、野生植物培植、野生动植物及产品经营利用和进出口单位共58744家，就业人口近40万人，年总产值约569亿元。

自2003年底，国家林业局对全国野生动物驯养繁殖、野生植物培植及经营利用情况进行了调查摸底。我国现有经济类野生动物养殖单位和养殖户共24539户，总产值约78亿元；野生植物种植单位和种植户共17000多户，年产值约33亿元；全国从事野生动植物产品加工利用的企业有13915家，年产值达265亿元；涉及野生动植物进出口的企业为2801个，进出口总值179.46亿元，其中进口占进出口总值的71%；野生动物园、动物园共有243家，年产值11.51亿元；植物园、树木园共有115家，年产值2.46亿元；野生动物国际狩猎年创汇约140万美元。

目前，我国培育利用野生动植物资源年产值过千万元的企业达233家，年总产值约244.5亿元。其中，年产值过亿元的企业共有46家，年总产值174亿元。在年产值过千万元的企业中，利用野生动植物及其产品生产中药的企业最多，产值最高，共有109家，年总产值达129亿元；其次是野生动物驯养繁殖和野生植物培植企业，共83家年总产值约36亿元。保健品、化妆品生产企业虽然只有15家，但年总产值高达41亿元。野生动植物资源升值，目前主要体现在中药和保健品、化妆品生产行业，且对资源需求量较大。野生动植物资源产业得到了较大的发展。

从野生动植物资源产业整体情况来看，产业发展呈现出如下特征：

一是野生动植物资源培育产业蓬勃发展。野生动植物培育是农村发展和野生动植物保护的有效途径。2003年经济类野生动植物资源培育产出效益111亿元，2005年已增长到135.3亿元，增幅达21.9%。北京同仁堂、南京金陵药业等国内知名制药企业纷纷投资建设自己的原料基地，各类社会资金看好野生动植物资源培育的巨大市场需求和赢利空间而投身野生动植物资源培育。

二是企业向规模化、集约化发展。整合资源，提高生产效益是每个企业追求的目标。据2003年调查统计，全国野生动植物培育利用企业58744家，年总产值为390亿元；2005年企业23038家，年总产值为472亿元，企业平均年产值由66.4万元提高到204.9万元。两年间，年产值超过1000万元的企业由233家增加到377家，年总产值和从业人数分别由244.5亿元、11.7万人增加到387亿元、14.3万人。

三是进口贸易大幅攀升。2005年我国野生动植物及产品进口贸易额达1042.5亿元，约为2003年的8.2倍。在进口产品中，木材和花卉种源成为最大宗货物，这是“合理、充分利用国外资源”思想指导下的结果。野生动植物及产品的大量进口，不仅有效缓解了我国野外资源保护的压力，还为相关产业发展开辟了新的资源渠道。

四是民族传统产业可持续发展势头良好。在麝香、羚羊角、蟒皮、象牙原料、蛇类等资源严重不足、实施禁猎的情况下，为保护传统中药、二胡、象牙雕刻等民族传统产业，国家林业局会同有关部门实施了一系列结构调整、降低资源消耗、标识管理、定向流通等措施，以有限的资源保障其重点，扭转了相关传统产业萎缩的态势。2005年民族传统产业实现产值207.5亿元，比2003年增长15.9%。

五是促进山区农村社会经济的发展。野生动植物资源基本上都分布在广大的偏远山区和农村地区，它是农村发展的重要资源基础和优势。丰富的野生动植物资源在偏远山区和农村地区调整产业结构、发展农村新兴产业等方面发挥了重要作用。野生动物养殖业、野生植物采集培植业等都是适宜农村发展的重要产业，也是边远山区的高收益优势产业。近年来，野生动物养殖业、野生药用植物采集培植业等已经成为山区脱贫致富的重要途径。

当前，野生动植物经营利用的一个重要问题之一是存在大量非法经营野生动植物及其产品的行为，它严重影响了野生动植物合法经营者的利益。这些非法经营活动的生产运营成本很低，因此出售价格也很低；相反，合法野生动植物及其产品的生产成本高，如果与非法销售行为同等价格，大多会处在亏损状态。合法经营活动很难扩大再生产，甚至生存困难。其次，大量非法经营的野生动植物大多从野外非法获得，严重影响了野生动植物野外生存种群的繁衍。这是当前很多高经济价值野生动植物野外生存数量持续减少，使我国野生动植物保护工作陷入困境的重要原因之一。最后，大量非法经营的野生动植物来源于国际市场，造成国际社会对我国野生动植物保护管理体系的置疑，严重影响了我国在野生动植物保护方面的国际形象。

除以上有关非法交易问题外，合法野生动植物资源的培育者也由于市场的杂乱无序而苦于无法进行交易。由于野生动植物资源培育大多集中在适宜野生动植物生长的边远山区或城市郊区，多数是个体经营；而野生动植物及其产品的主要消费者集中在城市，专业市场的缺乏既造成市场需求难以满足，又使生产者的产品难以销售，生产规模难以扩大。专业市场匮乏，以及整个生产销售渠道的不畅，再加上城市的消费需求给非法经营活动提供了滋生的“土壤”。

野生动植物资源产业发展是保护和利用野生动植物资源的重点，如何促进野生动植物资源的利用，同时还能保证野生动植物资源的可持续发展，野生动植物资源产业相关的市场、条例、法规等都要健全，才能使野生动植物资源利用立法合理地运行。

（二）野生动植物市场

野生动植物及其产品虽然是一种特殊的产品但仍具有商品的基本属性，市场自然是其进行交易活动的主要场所。多年来，伴随着我国野生动植物及其产品经营利用的发展，在全国各地建立起了大大小小的各种各样的野生动植物及其产品交易市场。野生动物专门市场、毛皮动物市场、花鸟鱼虫等宠物市场、中药材市场、花卉市场、农贸产品市场、水产品市场、工艺品市场等遍布全国各地，为野生动植物及其产品的交易提供了重要的场所。据了解，目前全国主要的野生动植物及其产品交易也是在这些形形色色的市场中完成的。如河北肃宁县的毛皮动物市场，是目前全国最大的毛皮动物市场，也是最著名的传统毛皮动物市场，全国几乎 1/2 的毛皮动物交易在此完成；河北安国的药材市场是中国南药北药的主要集散地；广州清源、深圳槎头野生动物交易市场更是闻名全国。整个东南地区包括部分西南和西北地区养殖的野生动物大多都在这些市场进行交易。同时这些市场的产品又销售到东北、华北、华东等近 20 个省、市、自治区。

我国野生动植物开发利用对于国际市场的依赖性很大。在整个野生动植物产业中，很多行业依赖于国际市场。当前，珍稀毛皮动物养殖加工业大多都是出口原料或者初加工产品。其中，豹猫皮几乎全部用于出口。此外，试验动物养殖业基本上也是外向型产业。

我国出口的试验用猴占全世界试验用猴出口量的70%，珍稀动物皮革加工业多是来料加工型企业。据在国家林业局进行备案的珍稀野生动物皮张加工企业，目前仅有两家生产中低档产品在国内销售，其余约30家均是来料加工或者进料加工后出口。珍稀组培花卉主要用于出口，如兰花，虽然国内兰花消费市场在不断增大，但目前我国主要组培的兰花出口量仍然达60%以上。据对广东调查显示，广东最大的几家兰花培植基地，兰花出口量都在整个企业产量的70%以上。在中成药生产行业，利用名贵中药材生产的药品也多用于出口，这主要是出口价格远高于国内销售价格。从以上各具体行业的情况看，当前我国野生动植物产业的发展受国际市场变化影响很大。

我国野生动植物及其产品的经营市场分散，系统性和规范性有待加强。目前由于缺乏统一规划，各地大多是沿袭传统和市场需求建立起一些野生动植物及其产品的交易市场，这些市场各自为政，各种合法和非法的野生动植物产品都在此交易销售。由于很难将野外获取和人工繁育区分清楚，这些市场也就很难将合法和非法的产品区分开，一旦遇到国家强化管理，这些市场就萧条甚至关闭；一旦政策有所松动，这些市场又开始经营，很难持续发展，既不利于我国野生动植物产业的良性发展，也不利于对野生动植物资源的保护。

（三）野生动植物资源经营利用与农村发展的关系

野生动植物资源基本上都分布在广大的偏远山区和农村地区，它是农村发展的重要资源基础和优势。在我国很多地方，农民的生活不是靠种粮食，而是靠山上的资源，靠野生的动物、植物资源，这些资源既满足了当地农民的衣食需求，也满足了农民治病的需求。随着经济社会的发展，农村不断地接收外界的信息，也有了丰富的经济知识，学会了如何让身边的资源变成钱，让自家生活更富有。因此，农民利用当地的地理优势，以及自身对当地环境的了解，不断地采集野生植物和猎杀野生动物，为农村经济谋求发展。因此，丰富的野生动植物资源在偏远山区和农村地区调整产业结构、发展农村新兴产业等方面发挥了重要作用。野生动植物资源由于其稀缺性，所以价格较高，利润丰厚，因此，农民会无视法律、盲目地开采野生动植物资源，造成资源枯竭和农民生活贫困等现象。应用科学技术，利用野生动植物资源，发展农村经济，保护野生动植物资源成为必然选择。野生动物养殖业、野生植物采集培植业等都成为适宜农村发展的重要产业、边远山区的高收益优势产业。近年来，野生动物养殖业、野生药用植物采集培植业等已经成为山区脱贫致富的重要途径。

调查显示，野生动物资源培育和合理利用成为带动农村经济发展和促进农民增收的一大新的产业。如吉林省现有野生动物驯养繁殖户 7099 户，几乎全部设立在农村地区，养殖梅花鹿、马鹿、黑熊、雉鸡、林蛙等，年总产值在 25 亿元以上，带动了一大批农民、林农脱贫致富，甚至在有的地方已成为当地的支柱产业。湖南省浏阳市柏加镇培育、种植红木 20 多个品种，全镇苗木总产值过亿元，种植户人均年收入约 6000 元。福建省南方红豆杉生物有限公司带动 3036 户农民种植红豆杉，目前种植总收入达 450 万元，该公司年产值也达到 4055 万元。

可见，农村作为离野生动植物资源最近的社会单位，为达到农村经济社会的可持续发展，合理开发利用野生动植物资源才是正确的选择。

参考文献

1. 贺庆棠主编．森林环境学．北京：高等教育出版社，1999. 1～10

2. 李清盛，毕国力等编著．林地分类经营：管理与开发．北京：中国林业出版社，1996

3. 钟华友．中国林业．2008，11：12～15

4. 汪兵．理论导刊．2008，9：19

5. 郭志敏，李健．防护林科技．2008，11（6）：49

6. 承德日报．2006，9

7. 仲崇文，曹华．东北林业大学学报．2008，10：59

8. 周昌祥．林业工作研究．2000（12）：1～10

9. 王幼臣，张晓静，黄月艳．中国林业市场化改革理论与实践专题二：市场经济条件下中国集体林区经营模式评价．北京：中国大地出版社，2004：22～24，36～37.

10. 陆文明．中国私营林业政策研究．北京：中国环境科学出版社，2002

11. 李丽纯．湖南工程学院学报．2005，15（3）：33～35

12. 姜凤岐等著．防护林经营学．北京：中国林业出版社，2003

13. 苏向东．人民日报海外版．2008，11

14. 齐联．中国绿色时报．2008，4

15. 国家林业局计资司、造林司．国家林业局信息中心．2008，4

16. 王立新．中国林副特产．2004，4（2）：6，26

17. 李建安，卢彩显，何志样．经济林研究．2007，25（2）：102～105

18. 聂祥永，张敏，葛宏立．林业资源管理．2002，8（4）：9～12

19. 姚小华．林业科技开发．2004（4）：3～6

20. 程晓建，黎章矩，戴文圣，喻卫武．浙江林业科技．2003，5：79～82

21. 李久标，金俊贤，李崇芳．中国食品信息网．2007

22. 田畅，项一峰．鞍山日报．2008，3

23. 魏国梁．内蒙古林业．2008（8）：30

24. 关百钧．世界林业研究．2000，13（6）：1～6

25. 龙圣智．中南林业调查规划．2003，11（4）：35～36，44

26. 朱广志．河南科技．2008，7（上）：18～19

27. 习永红．现代农业科技．2006，12：158，160

28. 张艳军．防护林科技．2006，7（4）：102～103

29. 何友军．湖南林业科技．2005（6）：53～54

30. 刘宝素，李瑞平．河北林业科技．2007，7：33～35

31. 顾晓君，曹黎明，叶正文等．上海学报．2008，24（3）：21～24

32. 谢京湘，于汝元，胡涌．北京林业大学学报．1988，1（1）：104～108

33. 吴建军，严力蛟，李全胜．农村生态环境．1994，1（2）：221～225

34. 刘美丽．林业实用技术．2007（4）：37～38

35. 刘宝素、李瑞平．河北林业科技．2007，7：33～35

36. 胡富香，纪清巨，滕仁艳等．河北林业科技．2008，8（4）：63～65

37. 刘新波．林业科技情报．2007（2）：18～19

38. 顾晓君，曹黎明，叶正文等．上海农业学报．2008，24（3）：21～24

39. 王海燕．北京日报．2009，6

40. 温来升，柴亚军，刘江洋．京郊日报．2008，11

41. 何建华，杨振威．中国产经新闻报．2007，5

42. 何会文．中国特产报电子版．2009，5

43. 河南省南乐县委办调研组．决策探索．2007.10（下）：8～9

44. 海南日报．2007，8，16

45. 经济日报．2007，1，29

46. 张改云，王利兵．人民政协网 2008，10，13

47. 秦明忠，崔选荣．山西农民报．2009，4，14

48. 穆静秋．林业调查规划．2006（1）：79～821

49. 唐志强，李亮．内蒙古林业调查设计．2005，28（4）：20～221

50. 陈文汇，刘俊昌，温亚利．林业经济问题．2006，26（1）：18～21，431

51. 方锐，李勇，陈琼．中国卫生事业管理．2006（11）：701～7031

52. 林盛，林致煌．中国西部科技．2006（16）：35～371

53. 闻速．甘肃农业．2006（5）：501

54. 王伟．中国林业产业．2005（1）：20～221

55. 张亚娜．野生动物．2006（1）：31～321

56. 樊金拴，葛文官，邢跃进．林业调查规划．2008，8（4）：78～82

57. 佳慧．中国野生动物保护协会网．2006，11，27

58. 斯萍．北京林业管理干部学院学报．2006（3）：7～10

59. 毛秀梅．畜禽养殖．2008（19）：54～55

60. 刘江．中国可持续发展战略研究．北京：中国农业出版社，2001

61. 王伟．人民日报．2004，04，29（16）

62. 中国绿色时报．2006，02，16

63. 中国绿色时报．2006，02，20

64. 匿名．饲料与畜牧．2004（4）：43

图书在版编目（CIP）数据

农村林木资源管理/王美兔编著．—北京：中国社会出版社，2010.1

（农村政策与管理系列丛书/崔富春主编）

ISBN 978-7-5087-3007-3

Ⅰ.①农…　Ⅱ.①王…　Ⅲ.①农村—森林资源—资源管理—研究—中国　Ⅳ.①S78

中国版本图书馆 CIP 数据核字（2009）第 230249 号

丛 书 名： 农村政策与管理系列丛书
书　　名： 农村林木资源管理
编　　著： 王美兔
责任编辑： 王秀梅　逄玉静

出版发行： 中国社会出版社　　邮政编码：100032
通联方法： 北京市西城区二龙路甲 33 号新龙大厦
电话：（010）66080300　　（010）66083600
（010）66085300　　（010）66063678
邮购部：（010）66060275　电传：（010）66051713
网　　址： www. shcbs. com. cn
经　　销： 各地新华书店

印刷装订： 北京市优美印刷有限责任公司
开　　本： 140mm×203mm　1/32
印　　张： 5.25
字　　数： 125 千字
版　　次： 2010 年 1 月第 1 版
印　　次： 2014 年 3 月第 3 次印刷
定　　价： 10.00 元